人气住宅格局设计

日本合作住宅一级建筑师事务所 著
谷文诗 译

化学工业出版社
·北京·

内容简介

建造一所房子，最重要的就是房间的布局。理由很简单，它直接关系到居住的方便与否。然而对于每一个人，每一个家庭，理想的户型却都不同。本书以“家务轻松、收纳方便、养育子女、时尚美观、舒适、节能”为六个标签，包含了不同家庭构成和不同需求的家庭住宅户型案例，详细分析了如何根据想过什么样的生活来布置整个住宅的方法。读者可以根据六个标签，快速查阅自己想要的户型案例，每个家都有属于自己的正确答案。

本书中的住宅案例既有已经建造好的房子，也有正在建造的新居室，都充满了住户对未来生活的憧憬和设计师的智慧，可以为你未来的理想生活提供居住参照。

北京市版权局著作权合同登记号：01-2021-0177

图书在版编目（CIP）数据

人气住宅格局设计／日本合作住宅一级建筑师事务所著；谷文诗译．—北京：化学工业出版社，2020.1
ISBN 978-7-122-40281-3

Ⅰ．①人… Ⅱ．①日… ②谷… Ⅲ．①住宅－建筑设计－作品集－日本－现代 Ⅳ．①TU241

中国版本图书馆 CIP 数据核字（2021）第 235650 号

责任编辑：孙梅戈　　文字编辑：刘　璐
责任校对：宋　夏　　装帧设计：韩　飞

出版发行：化学工业出版社（北京市东城区青年湖南街 13 号　邮政编码 100011）
印　　装：广东省博罗县园洲勤达印务有限公司
710mm×1000mm　1/16　印张 8　字数 150 千字　2022 年 2 月北京第 1 版第 1 次印刷

购书咨询：010-64518888　　售后服务：010-64518899
网　　址：http://www.cip.com.cn
凡购买本书，如有缺损质量问题，本社销售中心负责调换。

定　　价：68.00 元

你是否曾疑惑：
住宅的格局究竟怎么设计才算好呢？

马上打开这本“解剖书”，寻找心中理想的住宅格局吧！

前 言

Preface

建造住宅时，格局的设计最重要

为什么这么说呢?
理由很简单，
住宅格局直接关系到居住的舒适程度。

客厅是设计成正方形，还是长方形?
厨房的旁边应该是储物间，还是洗漱间?
如果是多子女家庭，那么应该是一人一间小卧室，
还是共享一间大卧室?

其实，以上所有选项都可以说是正确的，
也都可以说是不正确的。
因为住宅格局正确与否因人而异，没有标准答案。
想要使住宅舒适宜居，居住者的年龄、爱好，起床和用餐的时间都需要考虑在内。

本书的目的，就是解决在设计住宅格局时会遇到的各种问题。
书中出现的每一种住宅格局都配有详细的解说：住在这里的是一个怎样的家庭，他们想要解决怎样的困扰，要实现怎样的生活才选择了这样一种住宅格局。
东京市中心的狭小宅基地也可以建造出采光好、通风佳的住宅；
在控制照明费、取暖费的同时，也可以实现居住者憧憬已久的挑高天井设计；

喜欢睡榻榻米的丈夫与喜欢睡双人床的妻子都可以拥有舒适的睡眠。

诸如此类，

每个家庭都拥有属于他们自己的正确的住宅格局。

这本书就是一本帮你找到最适合的住宅格局的解剖书。

书中提到的住宅案例，有些已经完工了，有些还正在进行中。

但无论是哪一种，都凝聚了主人对生活的思考以及设计师的专业知识。

希望正在为设计住宅而努力的读者朋友们能够在本书中寻找到一丝灵感。

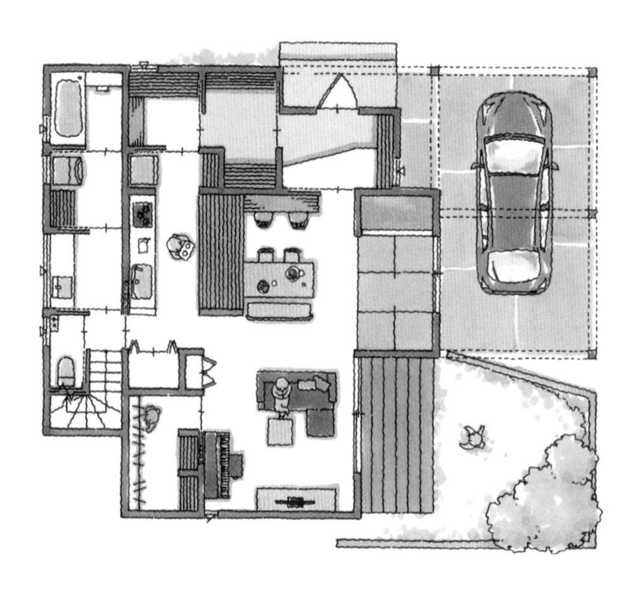

目录

Contents

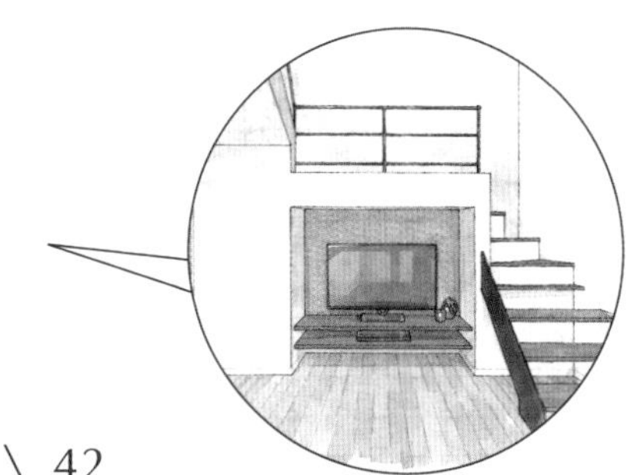

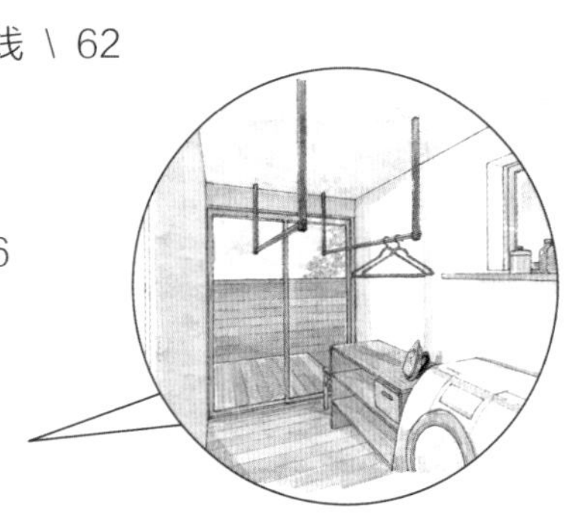

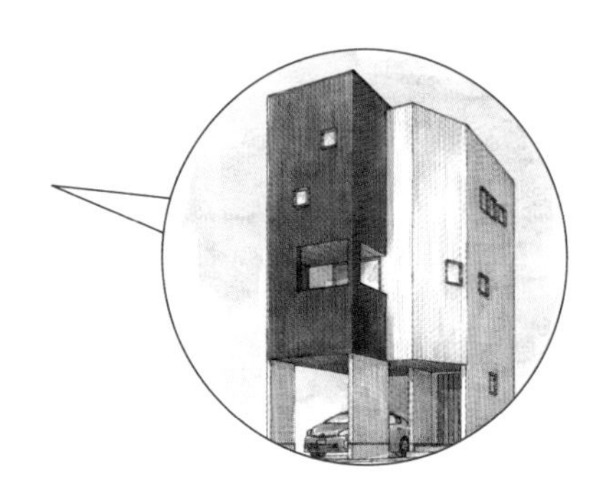

如何看懂住宅格局图

动线 ·········> ·

视线 ————> ·

通风 ～～>

本书中所有住宅的家庭成员构成、周边环境等信息均为采访当时的情况。（部分住宅主人姓名为假名）

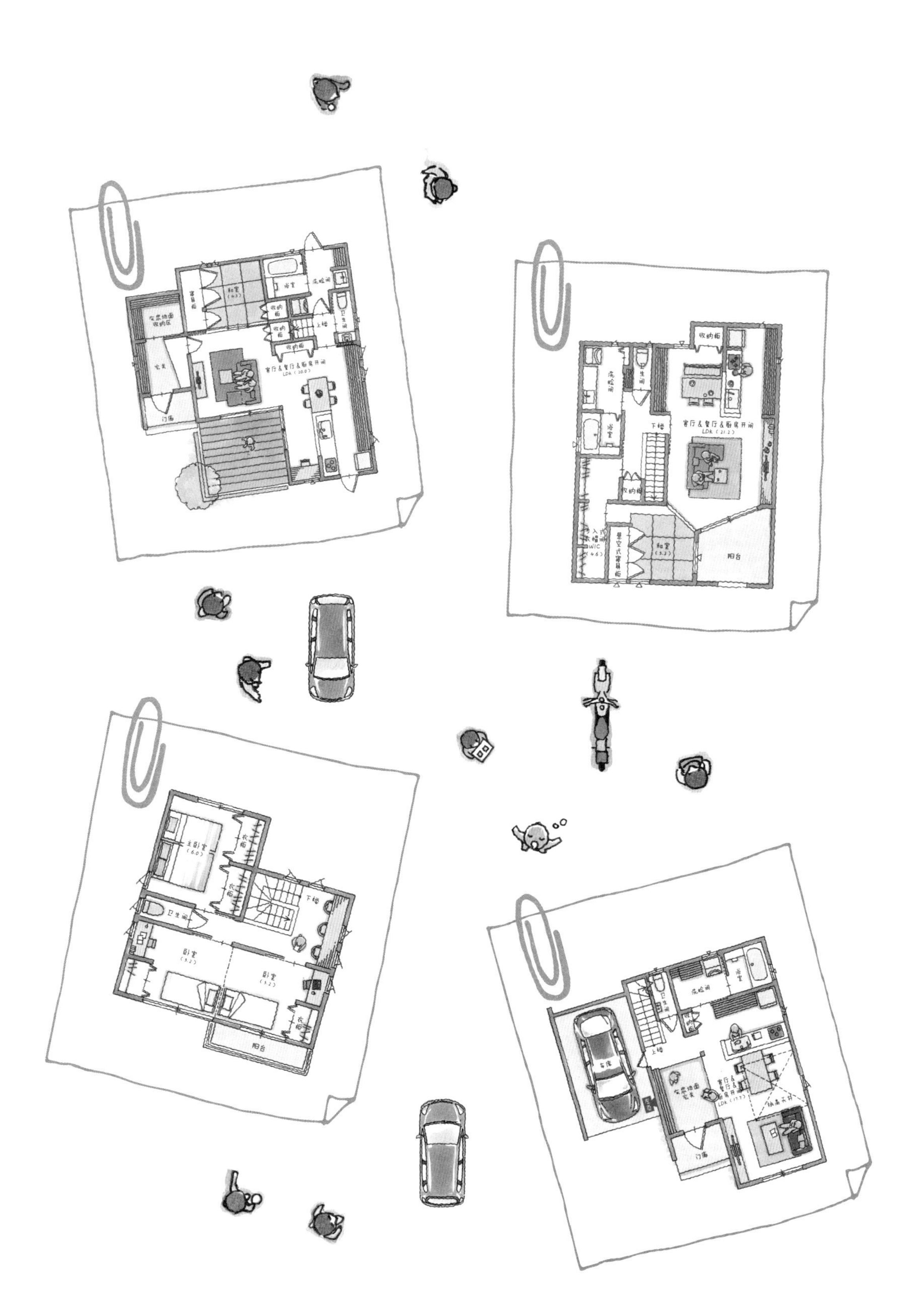

和室
浴室
洗脸间
收纳柜
收纳柜
卫生间
上楼
收纳柜
玄关地面收纳区
玄关
客厅&餐厅&厨房开间
LDK（20.0）
门廊
收纳柜
洗脸间
卫生间
浴室
下楼
客厅&餐厅&厨房开间
LDK（21.2）
收纳柜
步入式衣帽间
WIC
（4.6）
和室
（5.2）
阳台
主卧室
（6.0）
衣柜
衣柜
卫生间
下楼
卧室
（5.2）
卧室
（5.2）
衣柜
阳台
卫生间
洗脸间
浴室
收纳柜
上楼
车库
玄关地面
玄关
客厅&
餐厅&
厨房开间
LDK（17.7）
挑高天井
门廊

土井夫人的爱好之一就是和孩子一起逛各种咖啡厅。她对于家具、小日用品也很讲究，一直在收集北欧设计师的家具作品。她希望新家的整体氛围能够适合摆放自己辛苦收集的北欧家具。“或许是因为我很清楚自己喜欢什么样的设计风格，所以和设计师交流起来非常顺畅。每次协商设计方案的时候都非常开心。”

室内有一些空间常常会暴露在人的视线范围之内，这些地方的收纳柜和门窗的设计，颇令设计师费了一番脑筋。土井家所有的收纳柜和门窗都选择了观感柔和的松木材质，营造出温暖、柔和的氛围。“从吧台到窗框，再到书架，无论是大框架还是小细节，全部都是量身定制，为的就是能够搭配我那些心爱的北欧家具。它就是我理想中的住宅，那些批量建造的商品房无法做到这一点。”

定制化住宅完美搭配心爱的北欧家具

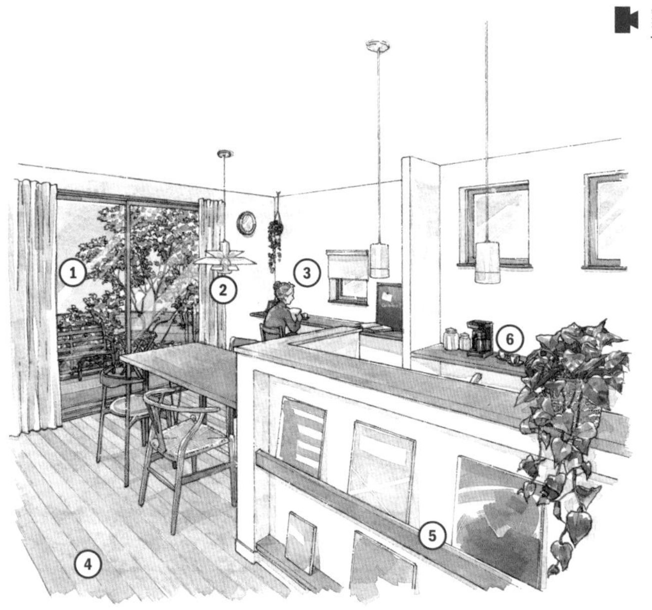

家中细节也皆是北欧咖啡厅风格

① 窗外是视野极佳的风景。
② 出自北欧名设计师之手的灯具营造出宁静的氛围。
③ 餐厅旁是一处可以休闲、放松的温暖角落。
④ 木地板以及窗框全部选用观感柔和的松木材质。
⑤ 吧台的外侧设计成报刊架。
⑥ 厨房后墙的矮柜进深略深，桌面可以摆放各种冲泡咖啡的用具。

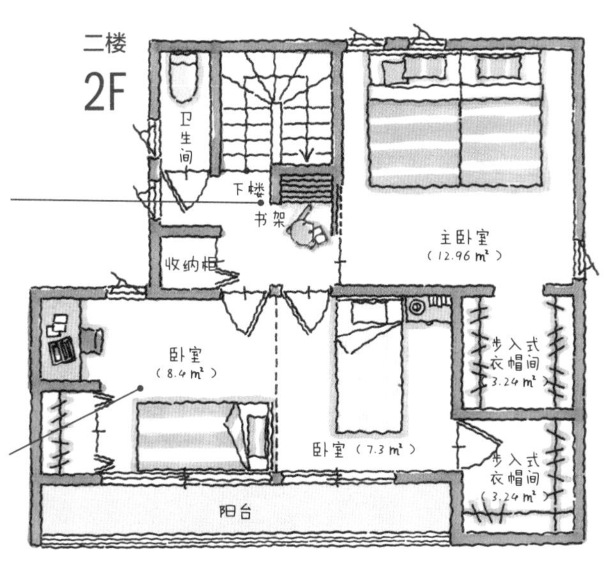

设置在楼梯拐角平台处的小书架。书架为全家共享，可以为家人间的交流提供话题。

孩子们每天会在自己的卧室内度过很长时间，所以卧室的采光一定要好。

楼梯设置在客厅内，家人间因此有了更多碰面的机会。

客厅·餐厅铺的是经过做旧加工的木地板。

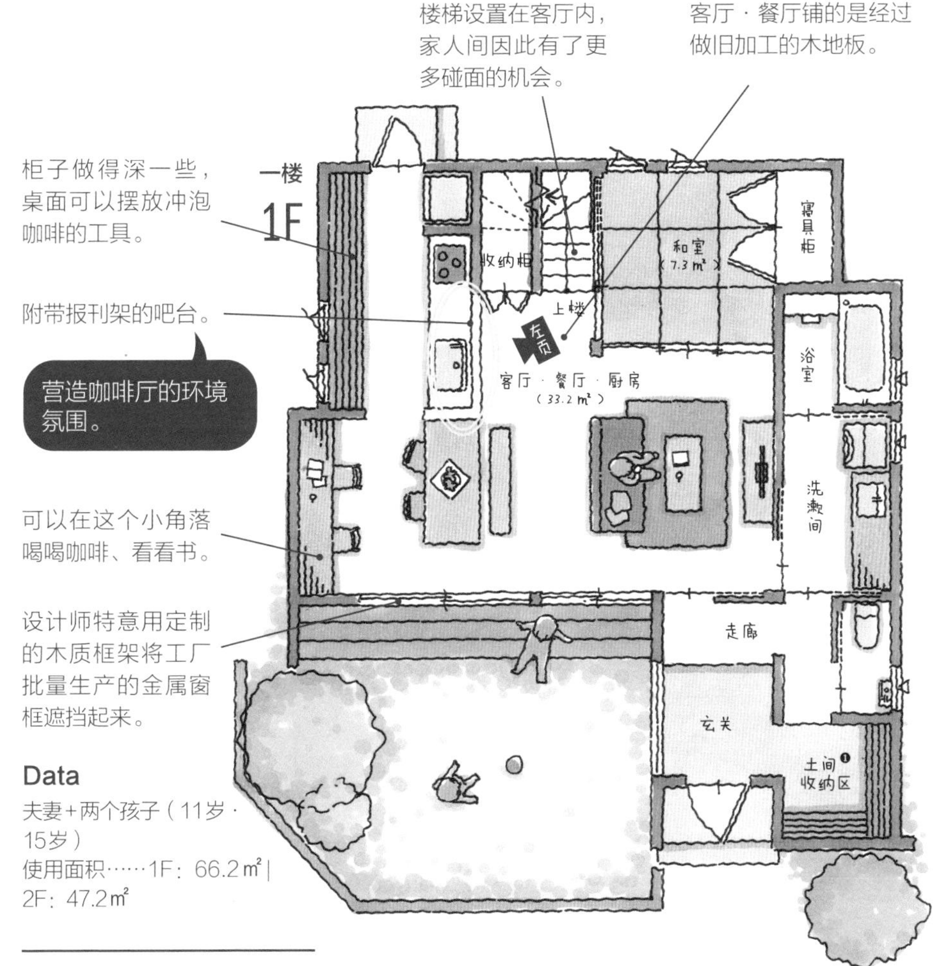

柜子做得深一些，桌面可以摆放冲泡咖啡的工具。

附带报刊架的吧台。

营造咖啡厅的环境氛围。

可以在这个小角落喝喝咖啡、看看书。

设计师特意用定制的木质框架将工厂批量生产的金属窗框遮挡起来。

Data

夫妻+两个孩子（11岁·15岁）

使用面积……1F：66.2㎡｜2F：47.2㎡

---

❶ 土间：在日本传统的民居中，生活起居的空间被分成高于地面并铺设木地板的部分，以及与地面同高的土间两个部分。土间与屋外相连，是人进出之处。现代日本住宅大多保留了这一空间形式，成为玄关之下的附设空间。（译者注）

果穗夫人的同学们都已结婚成家，大家聚在一起时难免会带着孩子。“我希望他们带着孩子来时，家中不会显得拥挤，而且气氛还要非常热闹。”

想要实现她的要求，就需要对地面进行特殊的设计。“厨房的地面是低于其他房间地面的，如此一来就突显了房间的进深，人的视线可以直线延伸。所有来访的客人一进客厅，都会惊叹‘好宽敞啊！’。”因为厨房和其他房间的地面之间存在高低差，果穗夫人在做饭的同时还能够和家人、朋友们聊天。“我在厨房站着干活儿时，视线与外面坐在沙发、椅子上的客人们处于同一高度。大家就像是同在一个房间中，毫无拘束感。这就是我理想中的住宅。”

改变天花板与地面高度，增大房间视觉面积

增大客厅视觉面积的小魔法

① 客厅的天花板高于餐厅 · 厨房的天花板。

② 厨房的地面低于客厅 · 餐厅的地面。

③ 客厅 · 餐厅内铺白蜡木材质的地板，比厨房地板的颜色更亮，这样也可以增大房间的视觉面积。

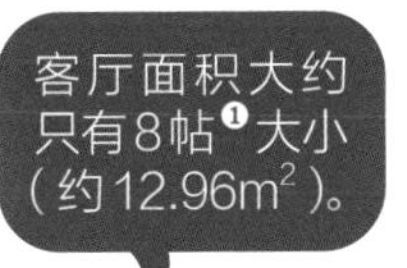

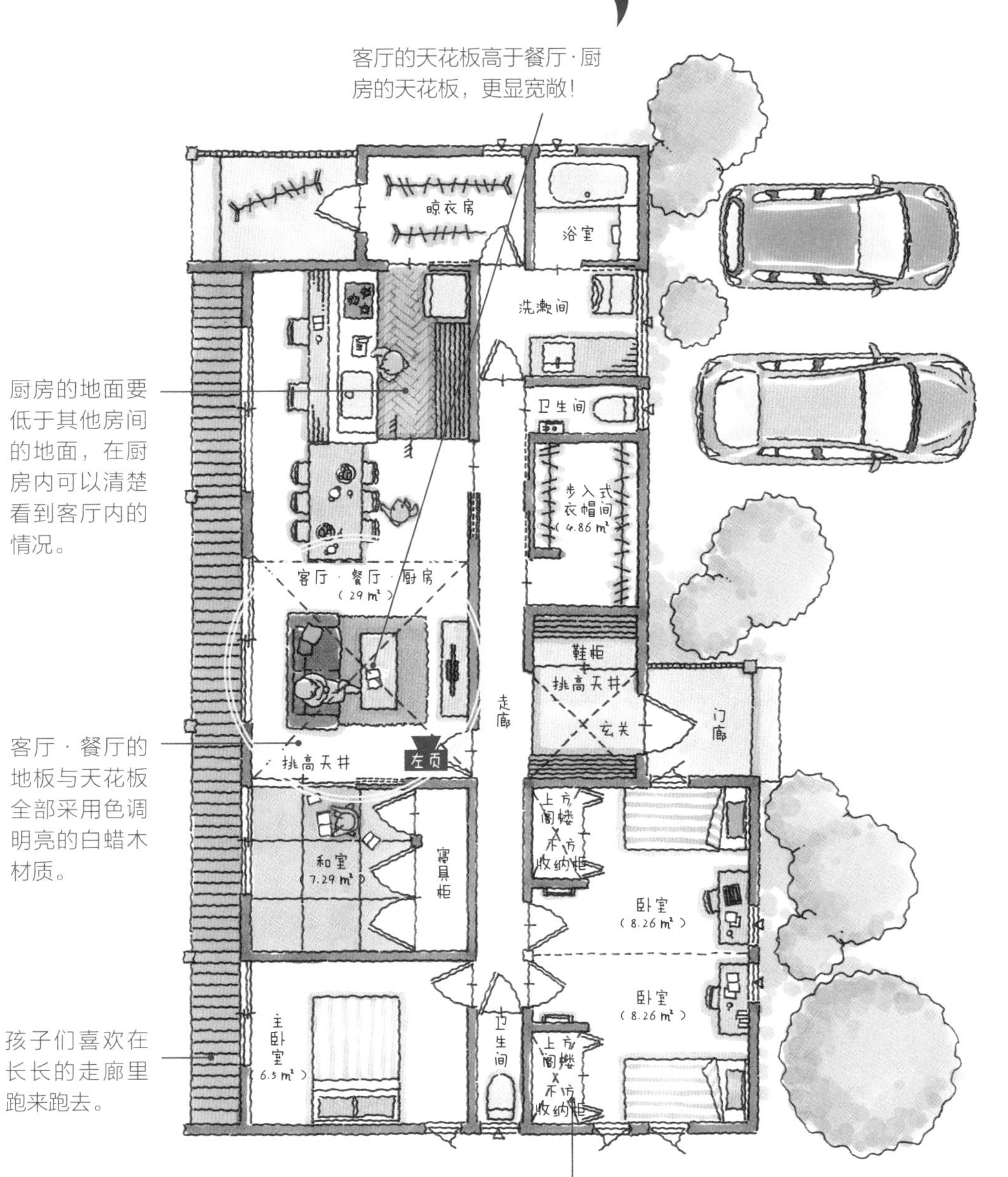

Data

夫妻+两个孩子（3岁·7岁）
使用面积……105.2㎡

---

❶ 日本通用的房间面积计量单位为“帖”，也作“叠”。1帖≈1.62㎡，即1张榻榻米的大小。日本各地对于1张榻榻米的尺寸有“京间”“江户间”等数种标准，此处使用的1.62㎡为日本全国房地产业统一使用的1帖尺寸。本书为了便于中国读者理解，已将后文所有面积换算成平方米。（译者注）

重松夫人家中以前总是乱糟糟的，家里人常用的零碎物件到处都是。她表示：“家里有三个孩子，东西扔得乱七八糟也是没办法的事儿。但我还是希望能让收拾整理的工作轻松一些。”

设计师为解决重松夫人的这一困难，在客厅的一侧设计了一处超大容量的步入式衣帽间。“这个衣帽间很大，差不多有4.86㎡。和设计师讨论方案的时候，我的第一反应是‘这么大一块地方都做成客厅不好吗？客厅还能更宽敞点儿。’但是设计师解释说，这样家里收拾起来更方便，于是我就同意了设计师的方案。”

重松夫人一住进新装修好的家中，马上就感受到了这个超大衣帽间的威力。“之前家里有些东西用完之后，不会有人特地把它们收拾起来，大家都觉得反正之后还会再拿出来用，不如就这样放着好了。现在情况不一样了，无论是我还是我丈夫，用完东西之后就会顺手把它们放回到衣帽间里，完全不会嫌麻烦。大到吸尘器、健身器材，小到书本、挖耳勺、小剪刀，全部都可以收纳在这个步入式衣帽间里，所以收拾起来非常轻松，不会出现不知道东西该放回哪里的情况。”

临时有客人到家中做客也不用担心，只要关闭衣帽间的推拉门，立刻呈现出干净、整洁的客厅。“这个衣帽间可以说是杂物的避难所。好几次家中临时来客人时，我都是先把杂物堆放到衣帽间里。它真的是拯救我于危机之中。”

除了客厅一侧的步入式衣帽间外，重松夫人家中还有几处大容量的收纳空间，如玄关旁的土间收纳区、二楼全家共用的大衣柜等，都充分、恰当地在家中发挥了收纳功能。“不只是收纳整理变得轻松了，找东西也更容易了。不会再常常出现想不起东西放在哪里的情况，确实减少了我不小的压力。”

客厅一侧的收纳区超便利：吸尘器、书本、外套全部存放在这里

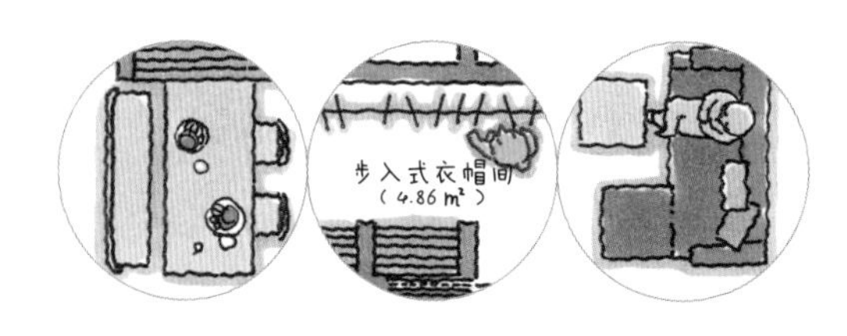

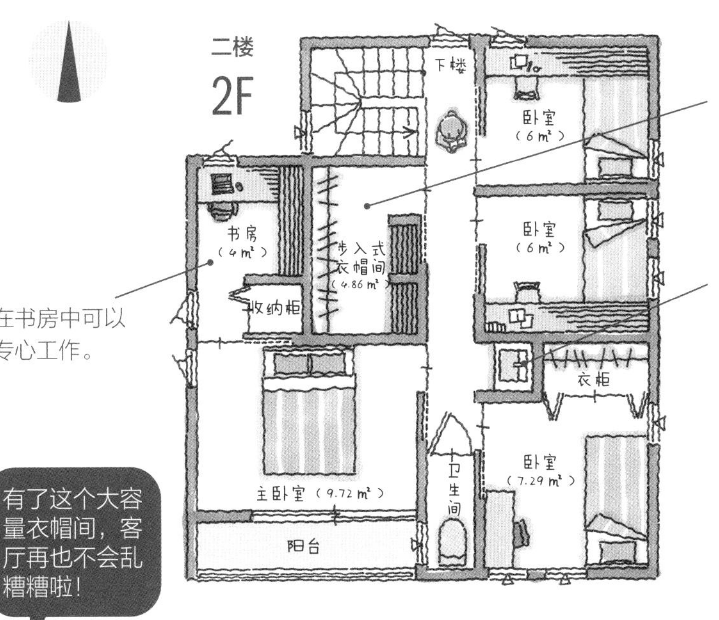

全家共用衣柜，约4.86㎡大小。全家人的衣服洗完晒干之后都收纳在这里。

在书房中可以专心工作。

二楼也设置有独立的洗脸台，它在早晨时能够发挥极其重要的作用。

有了这个大容量衣帽间，客厅再也不会乱糟糟啦！

女主人的缝纫间。这里也是她在做家务的间隙获取片刻放松的空间。

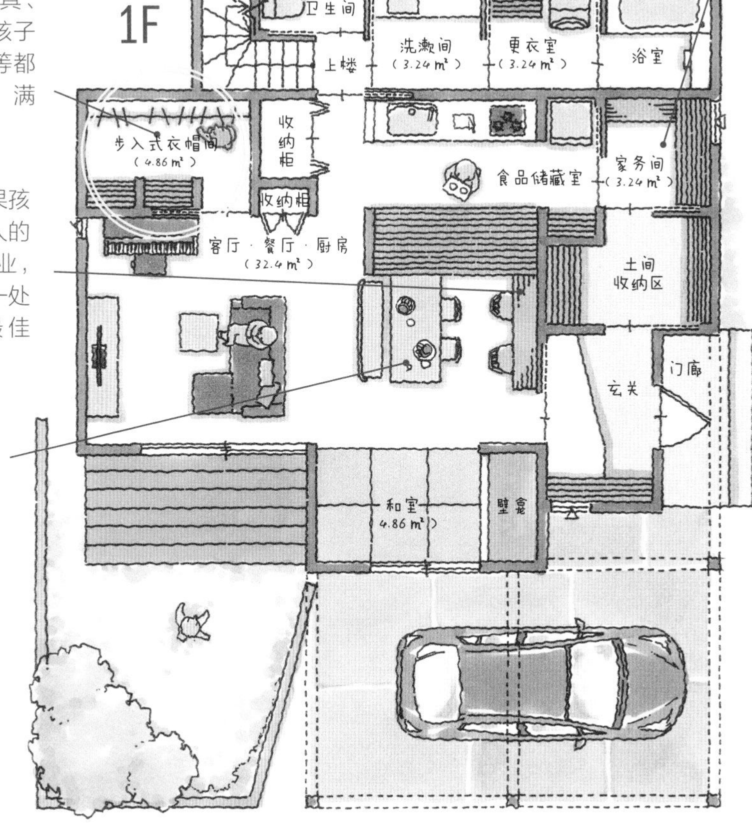

吸尘器、文具、健身工具、孩子的换洗衣物等都收纳在这里，满满当当。

书桌角。如果孩子希望在家人的陪伴下写作业，在客厅设置一处书桌角是最佳选择。

书桌、餐桌分离，餐桌就可以保持干净、整洁。

Data

夫妻+三个孩子（2岁·5岁·10岁）

使用面积…… 1F：76.2㎡ | 2F：53.0㎡

三浦夫人在描述自己对于住宅的要求时表示："我希望孩子们长大以后，大家还是可以每天都在家中见上一面。"她希望家人们彼此可以自然地打招呼，说一句"早上好、我回来了、我出门了"。她在社交媒体上看到过一些将楼梯设置在客厅内部的住宅格局图，非常喜欢。"这样的格局设计，家人们会很容易地聚集在客厅里，整个家看上去也显得更时尚。"

设计师根据主人的要求进行了设计，客厅·餐厅·厨房的面积约为35.64㎡，内置自然风格的楼梯。"有了这个楼梯后，我在厨房里喊二楼的人，他们都可以听到，非常方便。而且整个空间更加宽敞、开阔，住起来也更舒服。"尽管实际的使用面积要比重新装修之前更小一些，但是却给人一种"更加宽敞"的感觉。实际上，将楼梯建在室内要比将楼梯建在室外檐廊更加节约空间。三浦夫人对新家非常满意，"设计师在住宅格局上花费心思，改变了人对于空间大小的感知，真是太神奇了，简直像魔法一样"！

将楼梯设置在客厅内好处多多

从客厅到二楼，最先看到的是整洁、宽敞的走廊

① 镂空风格的楼梯，踏板与踏板之间没有踢脚板。

② 东面的小窗，同时也是住宅整体外观的一处点睛之笔。

③ 黑色的铁质扶手令整个空间更显紧凑。

④ 视野极佳的走廊。

⑤ 天井连接一楼与二楼。

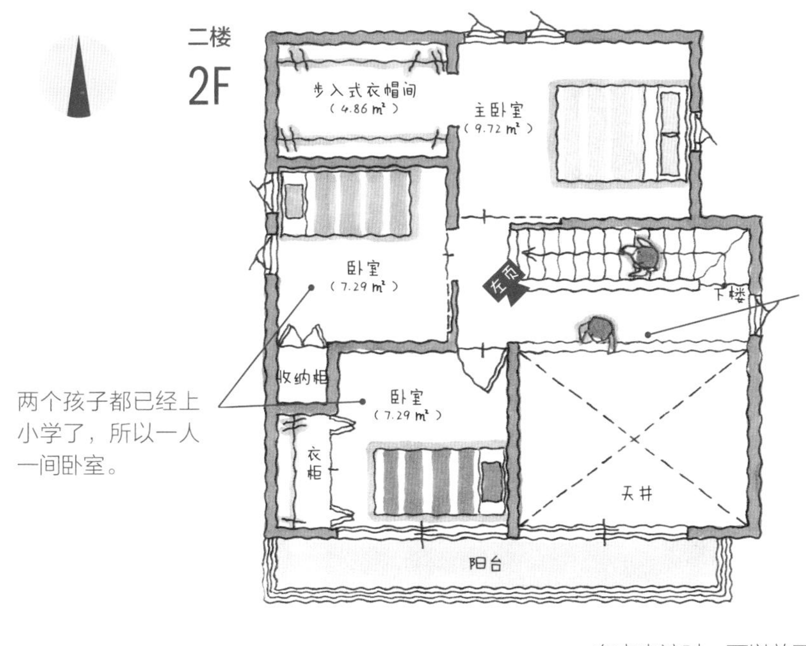

两个孩子都已经上小学了，所以一人一间卧室。

视线穿过天井可以看到窗外漂亮的风景，即便只是站在这里发呆也令人心情舒畅。

有客来访时，可以放下卷帘作为遮挡。

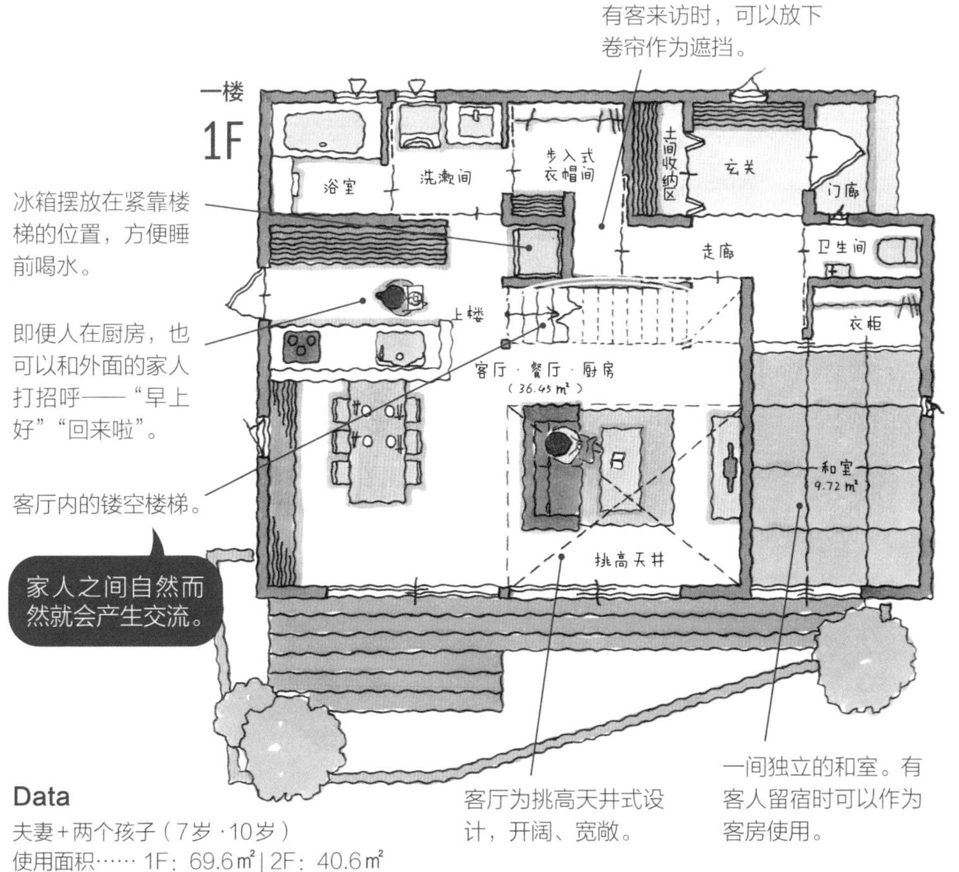

冰箱摆放在紧靠楼梯的位置，方便睡前喝水。

即便人在厨房，也可以和外面的家人打招呼——“早上好”“回来啦”。

客厅内的镂空楼梯。

家人之间自然而然就会产生交流。

客厅为挑高天井式设计，开阔、宽敞。

一间独立的和室。有客人留宿时可以作为客房使用。

Data

夫妻+两个孩子（7岁·10岁）

使用面积…… 1F：69.6㎡ | 2F：40.6㎡

越智夫人长久以来都很向往能够住在平房中。“平房给我的印象就是离地面很近，生活中充满了烟火气。还有一个吸引我的地方，就是没有楼梯，上了年纪之后住起来也非常安心。”

一般而言，要建一栋可供一家四口人居住的平房住宅，宅基地面积一般在97~113㎡。但是越智夫人选的宅基地只有约81㎡。“虽然户型有些小，但孩子长大了总有一天会离开这个家独立生活，他们的房间就会空出来。我理想中的家是非常温暖的地方，希望孩子还在家里生活的时候，全家人每天回家之后都可以自然而然地团聚在一起。”

考虑到越智夫人的要求，设计师将客厅·餐厅·厨房安排在住宅的中央，约32.4㎡大小，卫生间、厨房、卧室等房间在四周呈放射状分布。

“孩子们只有在注意力需要高度集中地学习的时候才会回到自己的房间里，其他时候基本都是在客厅。只要家里有人在学习，其他人就会非常自觉地尽量不发出太大的声音，比如关小电视的声音等。”

越智夫人最初有些担忧住宅建好后会过于拥挤，设计师经过巧妙构思，利用取消走廊，大量使用推拉门等方法彻底解决了她的担忧。客厅·餐厅·厨房连同和室构成一个大开间，面积约为38.9㎡。“庭院面积也比我想象的大。坐在沙发上可以看到室外露台那一端的主卧室，通风好，视野佳。”越智夫人当初选择了小面积的宅基地，现在看来是非常正确的决定，她终于过上了自己理想中的生活。

令全家人自然团聚的小户型平房

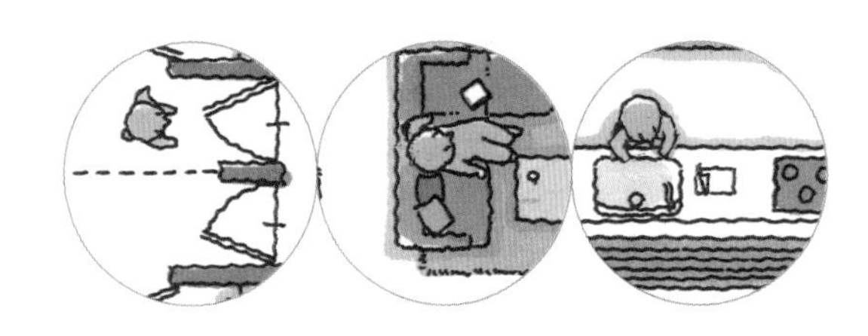

无论身在哪一个房间，都和家人距离很近。

所有的卧室以客厅·餐厅·厨房为中心呈放射状分布。

厨房料理台的下方部分是放餐具的柜子，可以直接从餐厅一侧拿取碗盘、筷子，非常方便。

土间收纳区面积较大。除鞋子之外，节日装饰、旅行用具都可以收纳在这里。

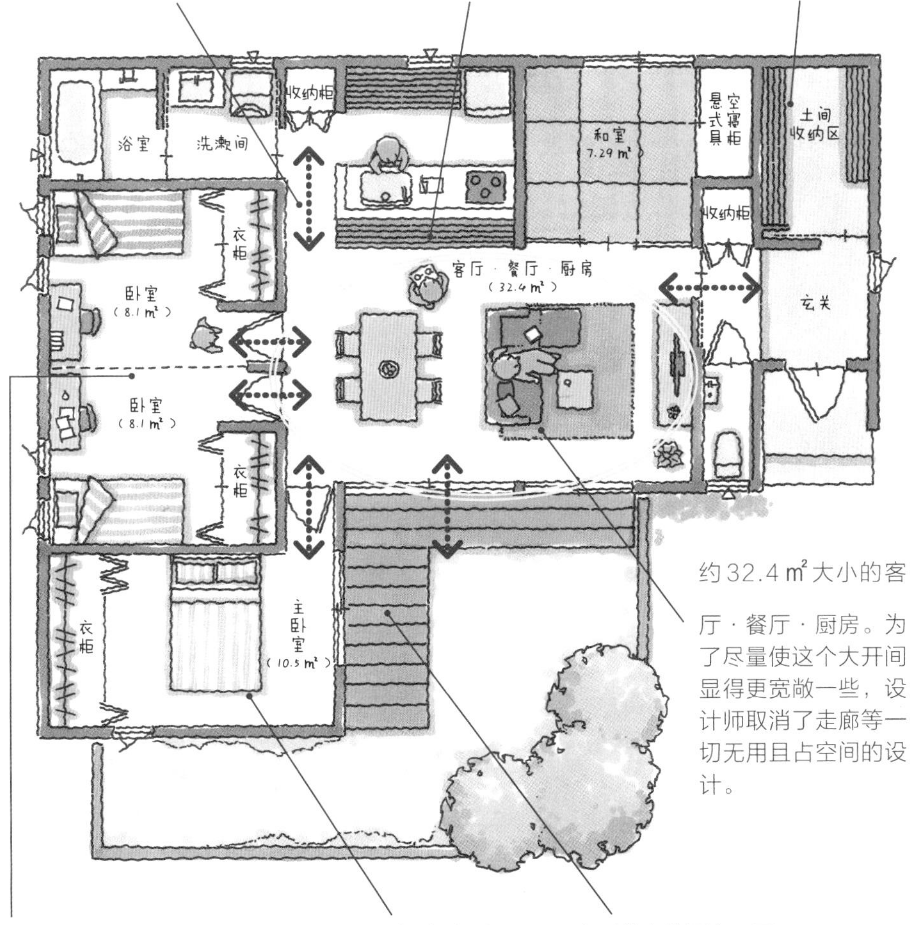

约32.4㎡大小的客厅·餐厅·厨房。为了尽量使这个大开间显得更宽敞一些，设计师取消了走廊等一切无用且占空间的设计。

孩子的卧室紧挨着客厅·餐厅·厨房，每间卧室都有独立的门和窗。

主卧室朝向庭院，通风佳。

L字形的室外露台。天气晴朗时这里就是一处舒适的休息场所。

Data

夫妻+两个孩子（10岁·12岁）
使用面积…… 94.4㎡

中野夫妇二人从妻子母亲的手中获赠了一块土地。“我之前打算把当时居住的旧公寓重新装修一下，既然母亲送了我一块新的宅基地，索性就决定把装修公寓的钱用来盖新房。房间的格局设计都是和母亲一起商量着确定的。”

夫妻二人希望家中有宽敞的客厅、未来孩子出生之后住的卧室，以及母亲可以留宿的和室。“现在家中只有我们夫妻两个人，非常轻松自在。但是之后家庭成员还会增加，希望到那个时候，这套住宅还可以轻松应对家里新增的需求。”

住宅的二楼主要是卧室和副客厅，采光极佳。因为女主人彩子喜欢油画，所以副客厅现在有一半的空间是她的画室。

“一楼的客厅有时候会招待朋友，二楼的副客厅就完全是家里人自用的空间。为了方便将来可以把副客厅改成两间孩子的卧室，窗户和收纳柜都是左右对称设计的。”

和室位于住宅一楼，无需上下楼梯。房间内有一个约4.86㎡大小的衣柜，关上门后，和室就是一个独立的小卧室。虽然家中并不会频繁有客人留宿，这间小卧室的使用频率不会太高，但是对于中野夫妇而言，借新建住宅的机会，给将来的生活留一点余地，也是一个很好的选择。“通过参与住宅格局设计，母亲也获得了安全感。我们也实现了许多原来住在公寓里时无法实现的事情，大大加深了夫妻间的信任。”

灵活的住宅格局
轻松应对家庭成员人数变化

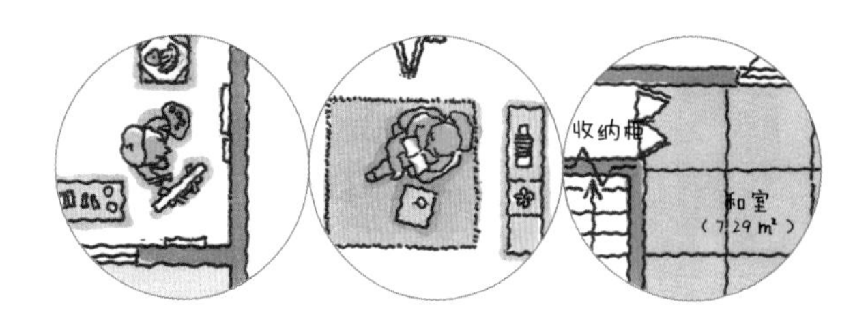

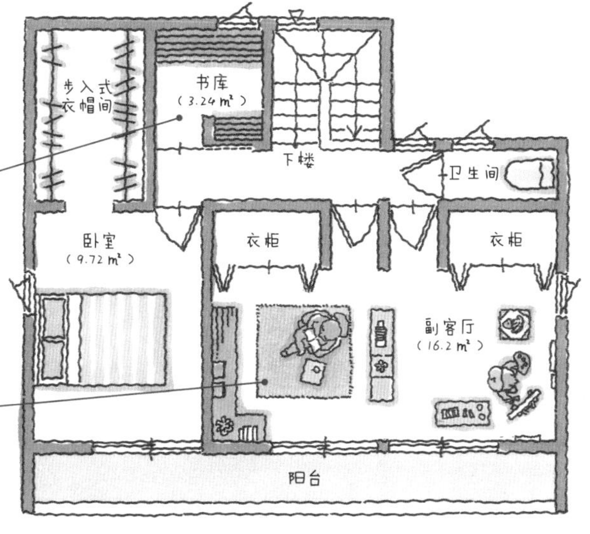

3.24㎡大小的书库。书架上的书像书店里一样按作家分类摆放，全家人可以共享知识与话题。

二楼的副客厅，平时用来看看电影、画画油画。

将来可以改为孩子的卧室。

夫妇二人计划将来和父母共同居住。

附带衣柜的和室。现在是客厅的一部分。

约4.86㎡大小的收纳柜。现在存放的是客人用的寝具以及旅行用品。

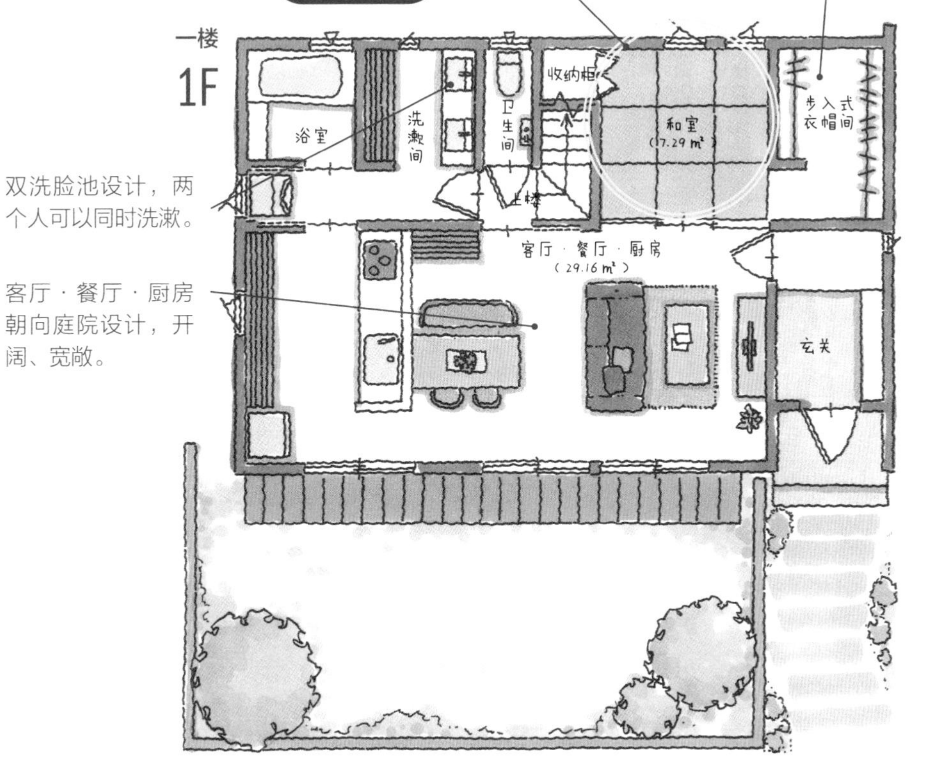

双洗脸池设计，两个人可以同时洗漱。

客厅·餐厅·厨房朝向庭院设计，开阔、宽敞。

Data

夫妻二人

使用面积……1F：62.1㎡ | 2F：47.2㎡

家务轻松

收纳方便

养育子女

时尚美观

舒适

节能

高垣夫人在与设计师沟通时表示："我希望家中的每一个角落都可以保持宜人的温度，冬暖夏凉，四季舒适。"她在某本书中看到了"被动式设计"的建筑设计理念，当即决定将其运用到自己的家中。

"被动式设计"是指在设计、建造房屋时最大限度地利用自然能源，使房屋节能、环保又健康。通过巧妙设计窗户的大小、位置，以及设置隔热装置等方法，将太阳的光、热与自然风充分引入房间内。"我们家最大的特征就是客厅·餐厅·厨房的窗户特别大。窗户有三层玻璃，既可以保证充足的采光，又可以使家中温度不受室外气温的影响。"客厅的挑高天井设计使得楼上楼下的空气可以循环起来。"多亏了设计师的巧妙设计，我家的温度基本上可以保持在一个固定的数值。一年四季都可以光着脚在家中走来走去，住起来非常舒服。"

充分利用自然能源，使家中永远处于适宜的温度

高垣家中的这些地方运用了被动式设计

① 外露式房梁设计也是室内装潢的一个亮点。

② 高2.4m的大窗。树脂窗框搭配三层玻璃，隔热保温效果卓越。

③ 关闭推拉门就可以将酷夏的烈日与夜间的冷空气隔绝在外。

④ 冬日，地暖缓缓释放热量，整栋住宅都保持在一个温暖的温度。

⑤ 屋顶安装有9.52kW的太阳能光伏板。房屋坐北朝南，采光极佳，太阳能光伏板节能环保，家中用不完的剩余电力还可以转化为收入。

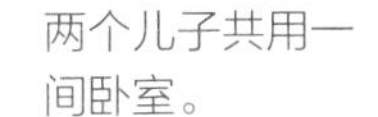

二楼

2F

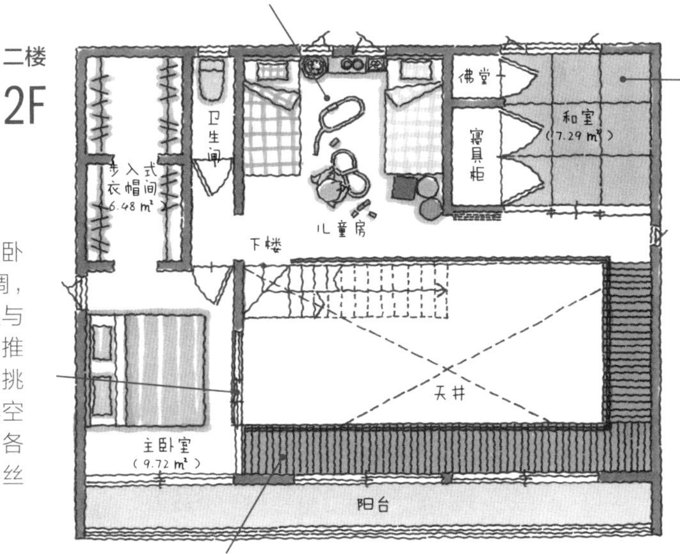

设计师特意将和室设置在二楼。主人在这里可以集中精力工作，如做针线活儿、处理文件等。

夏季时启动卧室内的空调，再打开卧室与客厅之间的推拉门，利用挑高天井循环空气，使家中各处保持丝丝凉意。

二楼天井两面有L字形走廊，孩子们喜欢在这里做游戏。

一楼

1F

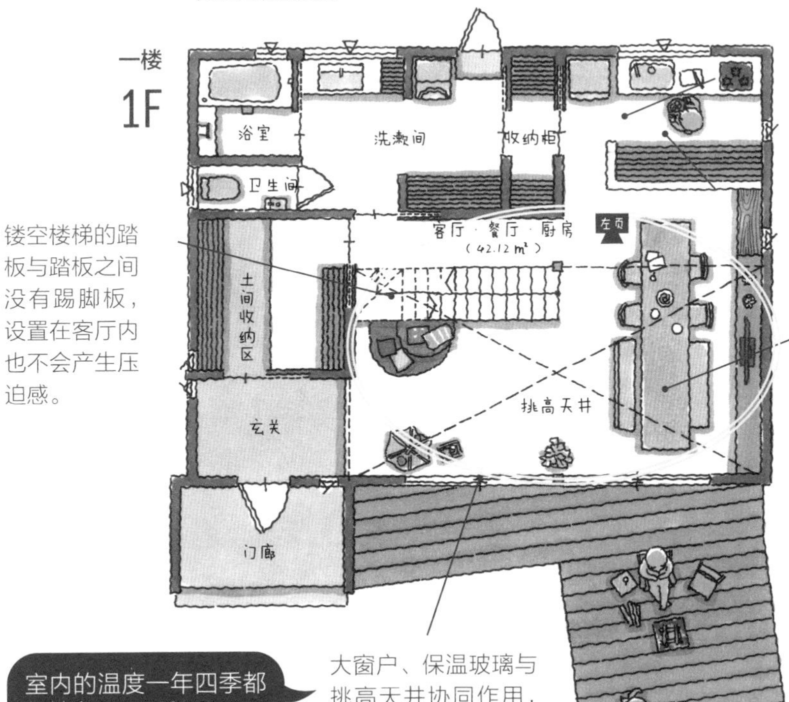

镂空楼梯的踏板与踏板之间没有踢脚板，设置在客厅内也不会产生压迫感。

全家人围着巨大的餐桌而坐，聚在一起的同时也可以处理自己的事情。

室内的温度一年四季都保持在23~26℃。

大窗户、保温玻璃与挑高天井协同作用，使室内维持宜人温度。

Data

夫妻二人+两个孩子（5岁·9岁）

使用面积……1F：72.8㎡｜2F：55.5㎡

涩谷夫妇二人都是平面设计师。他们因为喜欢纽约居家办公（SOHO）的氛围，从很久之前就开始收集海外杂志和社交网络上的照片制作剪报。这些照片中，二人最想在自己家再现的就是粗犷的工业风格，不铺木地板，直接用水泥地面。“这样的房间有一种功能至上的质感，很有匠人的风格。玄关或厨房也统一用水泥地面，随便进入一间房间都感觉特别时尚。”

设计师了解到二人的需求后，做出了一版设计方案：客厅占地25.92㎡，全部做成土间一样的水泥地面。“我们刚刚听到设计师的方案时有一点儿惊讶。不过随后又想到，客厅是我们最想放松生活的地方，把它设计成我们最喜欢的氛围或许也是一个特别棒的选择。”

涩谷夫妇欣然接受这一大胆的方案后，又涌现出一个接一个新的想法：“我们把自己的要求全部告诉了设计师——希望能在地面上做一些泥瓦刀抹过的痕迹，墙面镶贴红砖样式的瓷砖，瓷砖的砌缝做成灰色等。沟通的过程非常快乐，最后做出来的成果我们也非常满意。”

夫妇二人一住进去就发现，水泥地面的房间住起来居然意外的舒服。“这样的房间冬暖夏凉，一年四季温度适宜，光着脚走来走去也特别舒服，还真是一个意外的惊喜。”水泥地面的客厅不仅时尚，还绿色、环保，夫妇二人非常满意。

以纽约SOHO为范本，打造时尚又环保的客厅

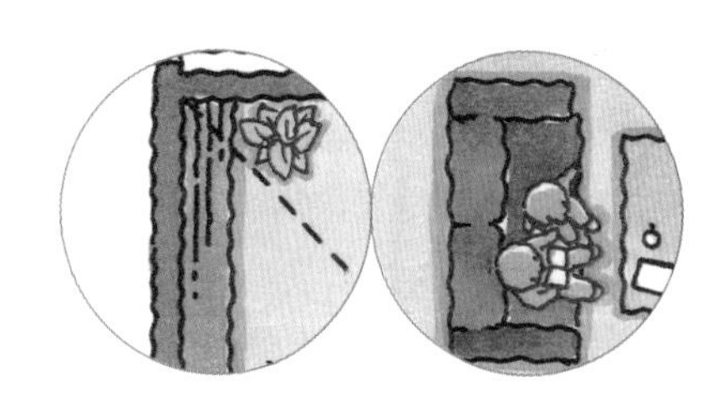

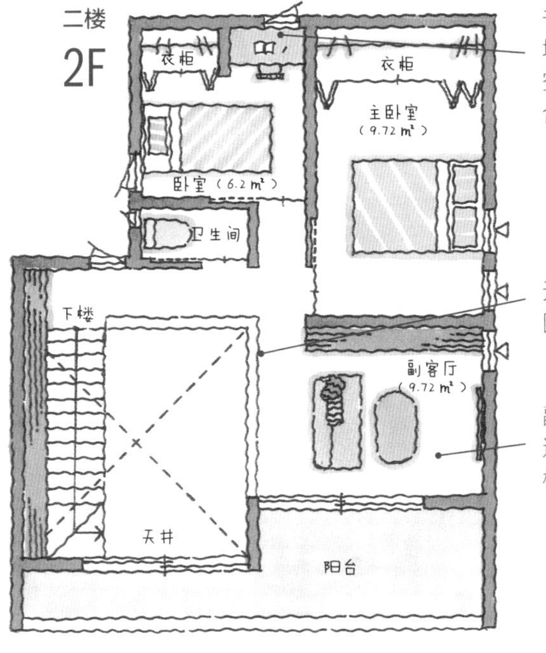

书桌是定制款家具，与墙面固定在一起。虽然空间较小，但也完美符合主人的预想。

天井四周是黑色的铁质围栏。

副客厅。孩子们平常在这里玩耍，可以保证一楼的干净整洁。

整理食品储藏室时无需经过客厅。

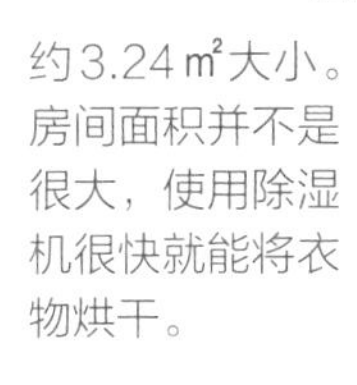

约3.24㎡大小。房间面积并不是很大，使用除湿机很快就能将衣物烘干。

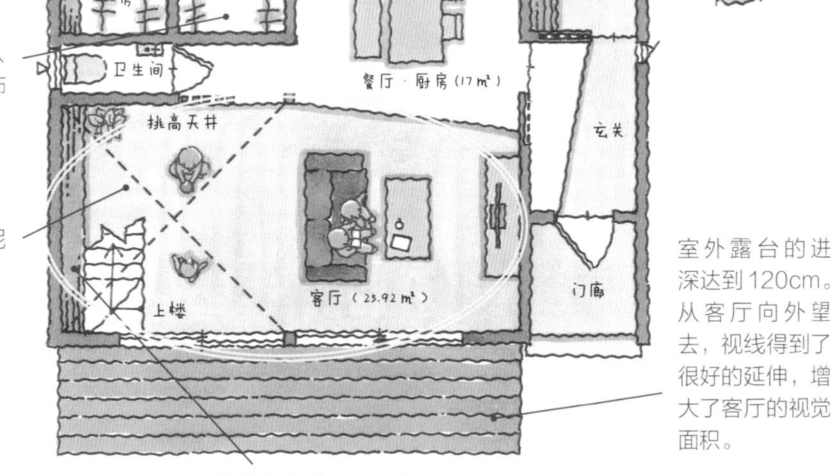

用来收纳外套、背包、围巾、饰品等物品。

采光极佳的水泥地面客厅。

室外露台的进深达到120cm。从客厅向外望去，视线得到了很好的延伸，增大了客厅的视觉面积。

楼梯旁有书架，高度一直延伸至二楼。

Data

夫妻二人＋一个孩子（10岁）

使用面积……1F：74.5㎡ | 2F：36.4㎡

家务轻松 收纳方便 养育子女 时尚美观 舒适 节能

大西先生有三个儿子，为了家庭生计，他每一天都在努力奋斗。“我们夫妻两个都特别喜欢看孩子们充满活力、跑来跑去的样子，所以希望能把自己的家设计成一个充满欢乐的游乐场。”

客厅里有一面6m高的室内攀岩墙，岩壁上的岩石是全家人一起安装的。“我们向木工师傅学习了安装的方法，然后按照每个人的喜好确定岩石的颜色和位置。那真的是一段很棒的回忆。”九岁的大儿子现在已经可以飞快地爬到二楼的高度了。“对于大人来说，客厅里有挑高的天井，住起来会非常舒服。而对于孩子们来说，这里就变成了可以锻炼身体的游乐场，没有比这更棒的设计了。”

对于妻子佐纪而言，令家务工作更加轻松也是一个不能妥协的设计要点。

“总之，希望设计师的设计能够让我在做家务时轻松一点儿！主要是在洗衣服、整理房间、做饭这些方面。”

为了实现妻子的要求，设计师做了许多巧思设计，其中花费了最大心力的就是洗脸区旁边的步入式衣帽间。这个衣帽间大约有6.48㎡大小，容量很大，一家人四季的换洗衣物全部都可以放在这里。“把衣服从烘干机里拿出来后，直接放进衣帽间就可以了，不需要再分类，的确轻松了不少。当时因为预算有限，没有做柜门，现在看来还真是做对了，省下了开关门的功夫。”

家中还有一处体现设计师巧思的设计，U形的厨房。“燃气灶、洗碗池、餐桌呈U形分布，我在厨房只需转一转身就可以完成各项工作。不仅可以很快速地帮家人盛饭，还能一边做饭一边看着孩子写作业。最多走上三步就可以完成所有的工作，这个设计真的是给我每天忙碌的生活减轻了不少压力。”

家务育儿两不误——养育三个男孩子也能轻松做家务

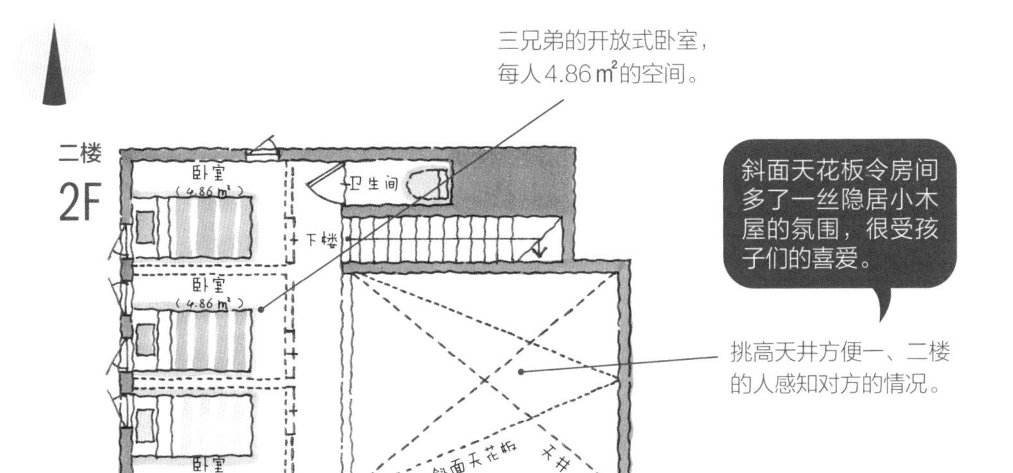

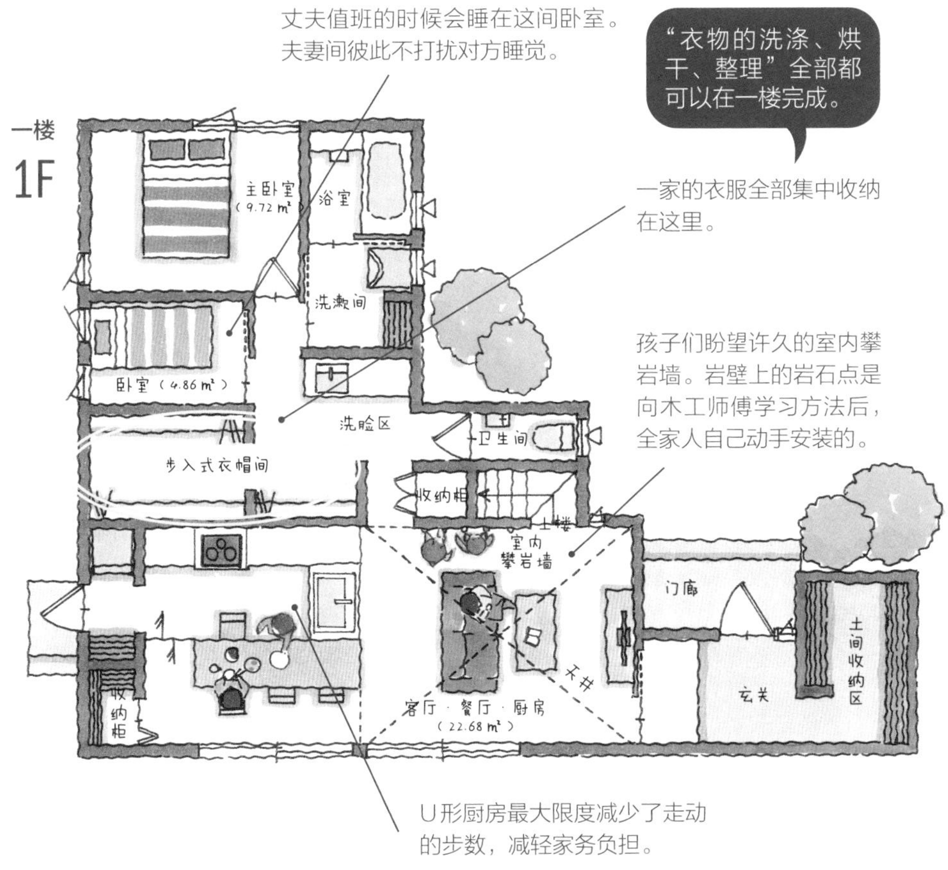

U形厨房最大限度减少了走动的步数，减轻家务负担。

Data

夫妻二人＋三个孩子（5岁·6岁·9岁）

使用面积……1F：82.8㎡｜2F：24.8㎡

中本夫妇二人从很久之前就一直想要一栋小户型的平房住宅。“因为房子比较小，全家人的距离就会变得很近，无论在家中何处，基本上都可以看到彼此，非常安心。小房子的另一个魅力，就是造价不会高出我们可以承受的范围。”夫妻二人找到了合适的宅基地，又将自己对于住宅的需求一项项列好，然后来到了设计师事务所。“我们对设计师说了自己的要求，比如孩子的卧室要有两间，要有一处铺榻榻米的空间，客厅要尽可能大一点之类的。”设计师听完之后第一句话说的就是：“你们的要求可不太容易实现啊！”二人说到此处不禁笑了起来。

在二人所有的要求中，优先度较高的是设计一个宽敞的客厅。“我丈夫在工作日要工作到很晚才能回家，所以我们两个希望在假日的时候能够在家中过得非常懒散、悠闲。”二人还有另外一个需求，希望在客厅里设计一处铺着榻榻米的空间。

设计师依据此需求，在客厅内设计了一处略高出地面的小高台（35cm高），利用高低差在视觉上增大进深，使房间显得更宽敞。“设计师的创意真的太棒了，在一个房间内设计出了几个不同的空间。我在小高台上熨衣服时，还能隔着沙发看电视，方便极了。”

另一个为中本一家便利生活做出贡献的背后功臣就是“走廊式收纳区”。它其实是一个连接了客厅 · 餐厅 · 厨房与主卧室的过道式衣帽间。“它既是走廊，又可以收纳衣物，一处空间兼具两项功能，最适合像我们家这种狭小住宅。”有了这个过道式衣帽间，能够拉近梳洗地点与用餐地点的距离，入浴、换衣服、就寝可以在一条动线上完成，大大节省了时间，使用者可以切身感受到生活的便利。

小户型平房的强大伙伴：
榻榻米房间和走廊式收纳区

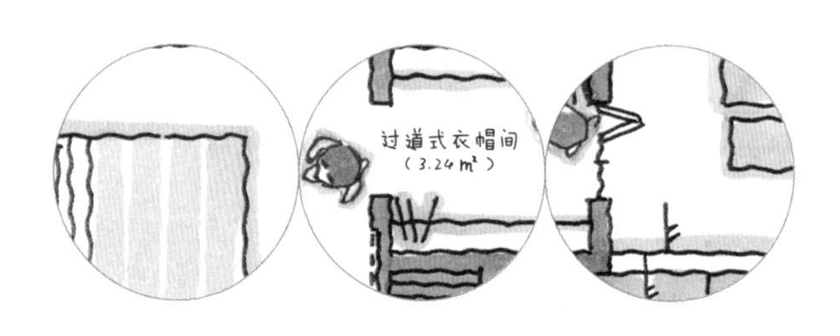

有效利用空间!

能够作为走廊使用的衣帽间。整理、换装可以在一条动线上完成。

洗漱区⇔厨房⇔衣帽间⇔卧室的距离很近。

厨房内有小窗，可以从南北两个方向看到屋外的情况。

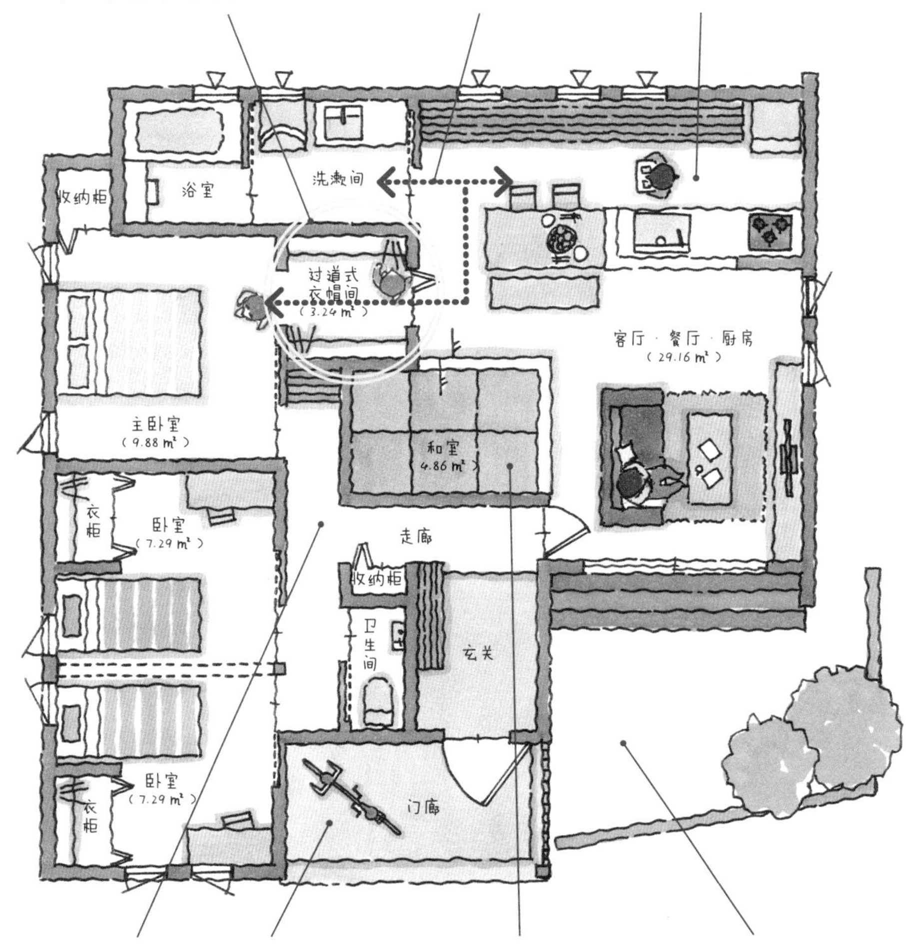

此处特意设计了一条走廊，为的是照顾到孩子们的隐私。

门廊带有房檐，自行车放在这里不会被雨淋湿。

略高于地面的小高台（35cm高）。人坐在此处可以隔着沙发看到电视。

宅基地面积虽小，也要留出一处小院子。可以避免路人直接看到客厅内的情况。

利用高低差突显房屋进深的尺度。

Data

夫妻二人+两个孩子（5岁·7岁）

使用面积……97.0㎡

客厅 场景抓拍

安装有燃木炉的客厅

客厅里专门留出一块儿空间没有铺木地板，而是直接用的水泥地面，还安装了燃木炉。客厅是挑高天井设计，上下楼梯也因此充满了乐趣。小小的客厅为生活带来无限欢乐。

大落地窗方便赏樱

住宅附近有许多老樱花树。为了能够在家中欣赏到樱花，特意在客厅·餐厅·厨房安装了大落地窗。坐在家中品一杯香茗，眺望窗外风景，多么奢侈的享受。

客厅与二楼走廊学习区相连

从客厅上到二楼，楼梯旁就是孩子们的学习区。无论孩子们在二楼玩耍还是写作业，父母都可以从一楼看到，非常放心。

挑高天井设计，超大空间客厅

客厅面积极大，约为35.64㎡。整个客厅上方都是挑高天井，一楼、二楼空间连成一体，形成一个超大空间。采光佳、空间大，开放式布局，方便孩子们开心地跑来跑去。

斜天花板设计，一不小心就会沉醉于窗外美景

天花板朝着庭院的方向向下倾斜，因此人的视线也会自然而然地投向窗外。人无论是坐在沙发上，还是坐在土间区域，都会被窗外的怡人风景所治愈。

带有电脑工作间的复古风客厅·餐厅·厨房

涂成灰色的墙壁与胡桃木的地板营造出一个有成熟、复古风格的客厅。客厅和楼梯之间是电脑工作间。刚好工作间的两侧都是墙壁，可以集中精力处理工作。

刈谷夫妇向设计师表示："我们两个人从很久以前就一直讨论今后想要一栋什么样的房子。"他们最开始很憧憬那种"美军屋"[1]风格的平房住宅，但在选址的时候，遇到了现在这一处隔壁有大樱花树的宅基地，瞬间便改变了想法。"我们看到这个地方就立刻想象到自己在晚上一边赏樱一遍小酌的情景。虽然这块地比较小，没办法盖美军屋风格的平房，但我们还是义无反顾地决定就在这里安家！"

为了能够最大限度地享受隔壁的风景，设计师将客厅·餐厅·厨房设置在了二楼。阳台在最靠近樱花树的地方又向外伸出去了一部分空间，形成了一个视角绝佳的赏花专座。厨房是L形，方便一边做饭一边和厨房外的人聊天。厨房里还设置了红酒柜。这样的家，无论是夫妻独处还是招待朋友，都温馨而快乐。

方便赏樱的二楼客厅

因对隔壁的绝美风景一见钟情，推翻了之前定好的选地方案

① 将客厅·餐厅·厨房设置在二楼，不仅能欣赏到隔壁的美景，还有利于保护家庭隐私。

② 刈谷家的隔壁是一座寺庙。寺庙内种有大樱花树，看着它便能感受到春夏秋冬的变化。

③ 餐厅·厨房一侧也有大落地窗，整个二楼采光极佳。

④ 客厅·餐厅·厨房非常宽敞，约有35.64㎡。超大型沙发方便、舒适，无论是日常生活还是家人聚会时都很实用。

---

❶ 美军屋：驻日美军基地给随军家属配套的住宅。

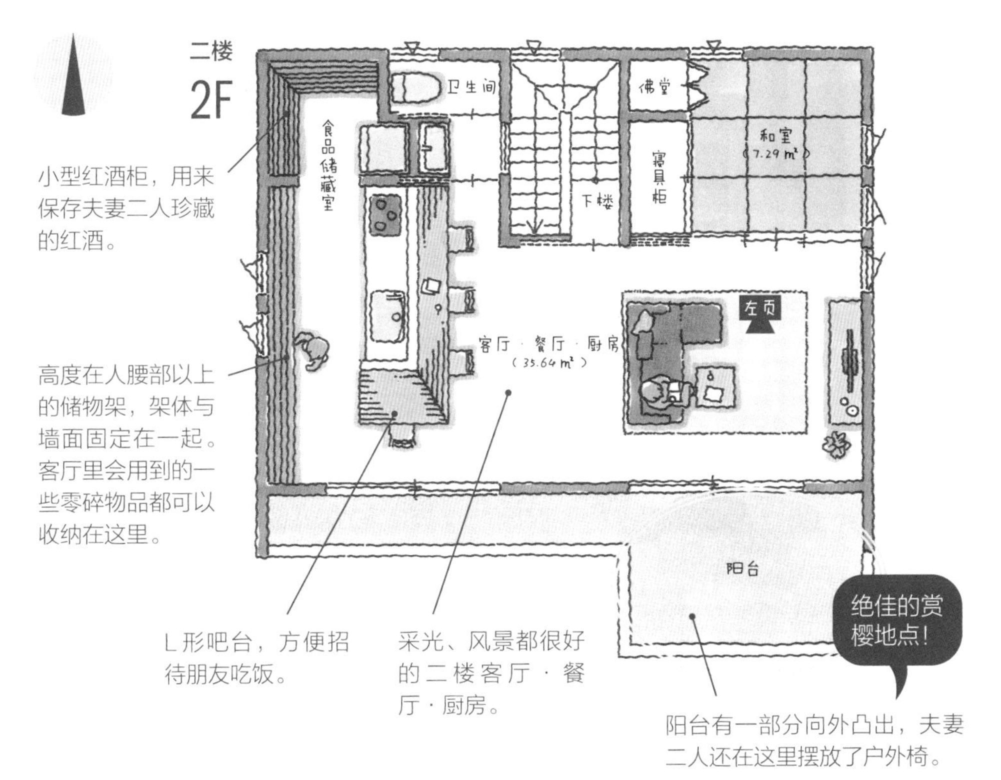

小型红酒柜，用来保存夫妻二人珍藏的红酒。

高度在人腰部以上的储物架，架体与墙面固定在一起。客厅里会用到的一些零碎物品都可以收纳在这里。

L形吧台，方便招待朋友吃饭。

采光、风景都很好的二楼客厅・餐厅・厨房。

阳台有一部分向外凸出，夫妻二人还在这里摆放了户外椅。

镂空设计的楼梯显得玄关宽敞又时尚。

丈夫专属的健身房，可以不用顾虑他人眼光，埋头苦练。

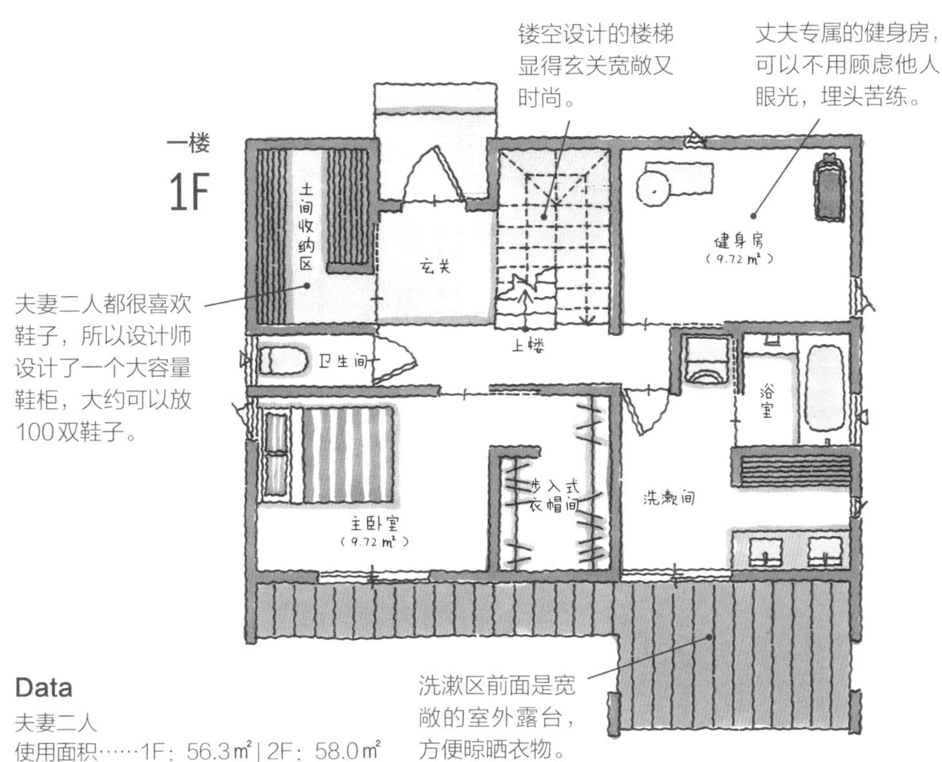

夫妻二人都很喜欢鞋子，所以设计师设计了一个大容量鞋柜，大约可以放100双鞋子。

洗漱区前面是宽敞的室外露台，方便晾晒衣物。

Data

夫妻二人

使用面积……1F：56.3㎡ | 2F：58.0㎡

大儿子升小学的时候，谷先生一家趁此机会搬到了东京市中心居住。“新家不仅离车站很近，非常方便，和邻居家也离得不远。我希望住宅的格局既能很好地保护隐私，隔绝外部的视线，又可以显得非常宽敞、不拘束。”

于是，夫妻二人选择了这套有三处中庭的设计方案。位于玄关之后的是第一处中庭，它是家中最宽敞的户外休息区，三面环绕的分别是客厅 · 餐厅 · 厨房、走廊和主卧室，全部都是家人聚集的区域。这处中庭为周围的房间带来了极好的采光与通风。“家里面有一处只属于我们一家人的庭院。每次看到它，就感觉到自己是被保护着的，身心也就能放松下来了。”

夹在两个孩子卧室之间的是第二处中庭。“他们两个人都会在这个庭院里晒自己的被子。从走廊没有办法直接进入这个庭院，所以对孩子们而言，这里是家中一处非常特别的地方。”

第三处中庭在家中最深处的角落，在客厅 · 餐厅 · 厨房的尽头，兼具实用与休闲两种功能。“这里既可以晾衣服，也可以看风景。院子里种了杜鹃花，叶子四季常青，春天会开粉色的花。”

中庭的墙壁涂成了白色，可以反射阳光，使室内更明亮。“这是非常新潮的一种住宅格局，我之前还一直担心住起来是否舒适。结果住进来之后，发现完全超乎想象。既个性，又私密，宛如一座小城堡。”

三处中庭穿插排布，家中处处可见怡人绿意

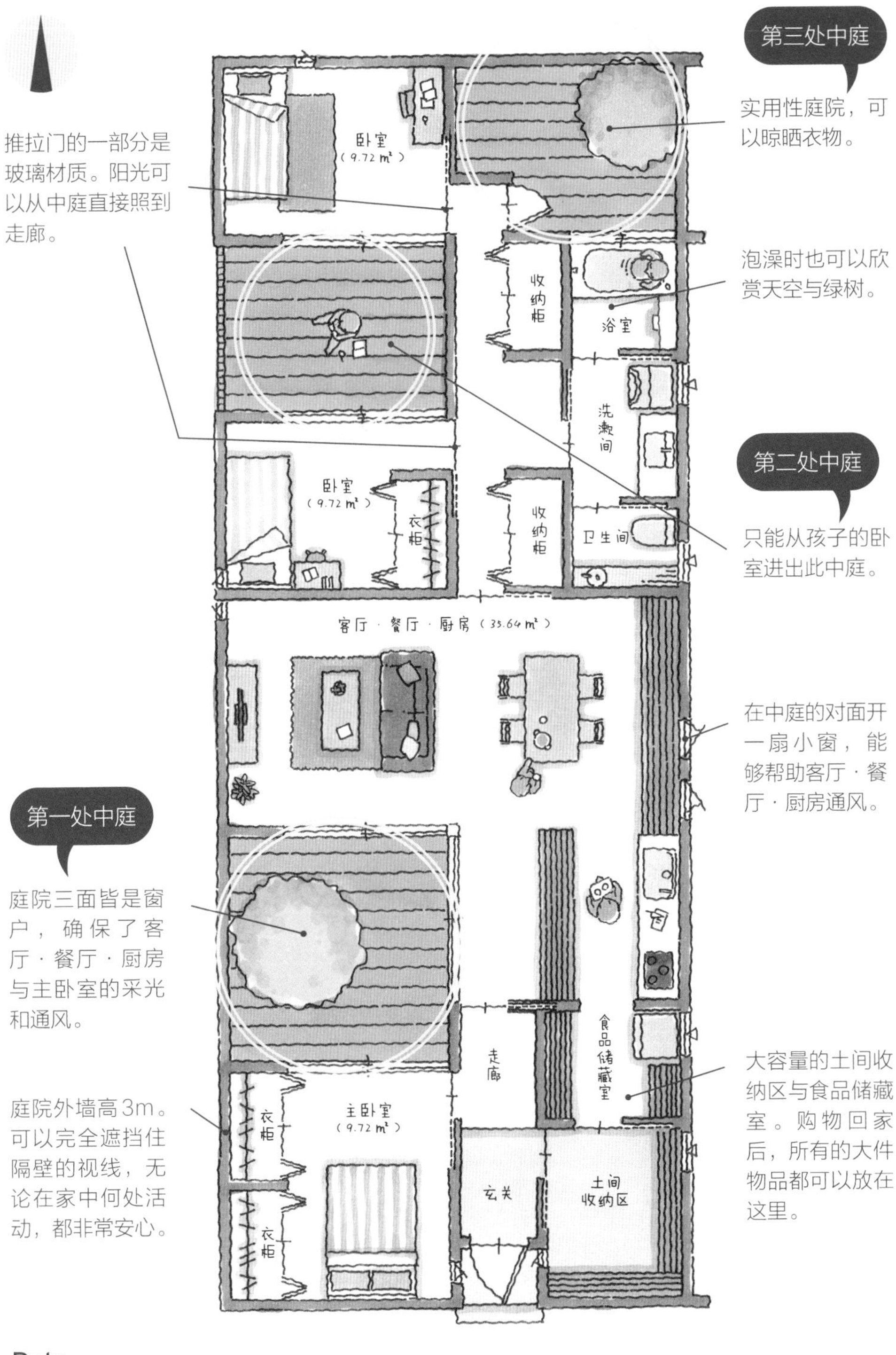

Data

夫妻二人+两个孩子（2岁·6岁）
使用面积……106.0㎡

八木夫妇都是小学老师。二人在与设计师沟通设计方案时表示："我们的最终目标，就是希望能把家变成两个女儿的开心乐园。"设计师根据他们的要求提出了设计方案：在住宅内部设计一座吊桥，类似公园里的娱乐设施。上到二楼后，想要从走廊到孩子的卧室，就必须从吊桥上经过。"孩子们也非常得意自己家里有吊桥，每天都会带小朋友来家里玩儿。"

八木夫妇的另一个需求是希望家里的收纳整理工作可以变得更轻松。解决方法之一就是在客厅设置一处储藏室。小到药品、文具，大到吸尘器，只要放进这里就可以了，不会再出现用完懒得收拾的情况。解决方法之二是设置学习区。"学习区视野开阔，非常舒服。我规定孩子们必须在这里写作业，家里就不会再到处都是书本和作业纸了。"

令孩子们忍不住炫耀的精巧设计：我们的家里有座吊桥

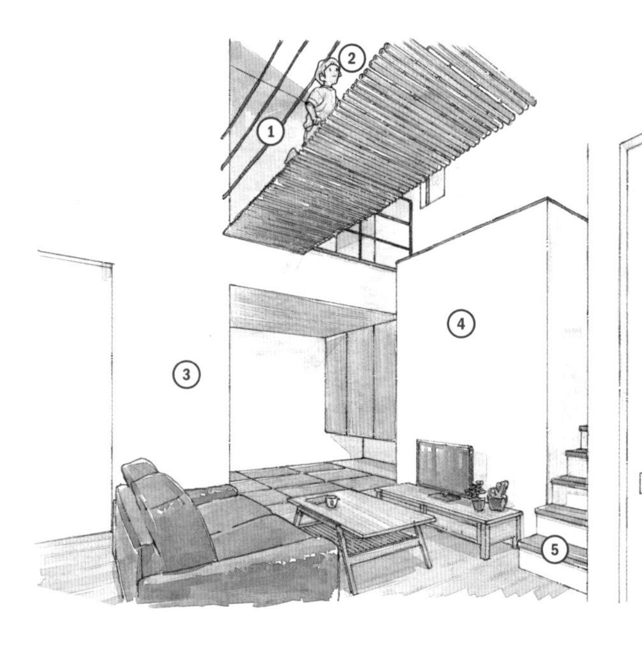

圆木吊桥令孩子们更加健康有活力

① 吊桥的扶手是绳子，踏板是圆木。所有部件的材质充满了自然的野性气息，孩子们每次过桥都很开心。

② 孩子正从走廊过桥回到自己的卧室。

③ 一楼是挑高天井设计，吊桥正好就在天井空间内，方便一、二楼之间聊天交流。

④ 二楼楼梯的下方（一楼部分）是储藏室，一、二楼之间的楼梯平台是孩子们的学习区。

⑤ 楼梯设置在客厅内。想要从一楼上到二楼必须经过客厅·餐厅·厨房。

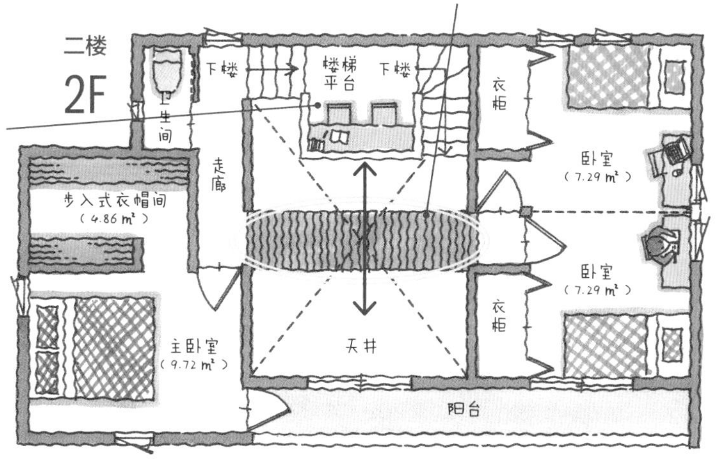

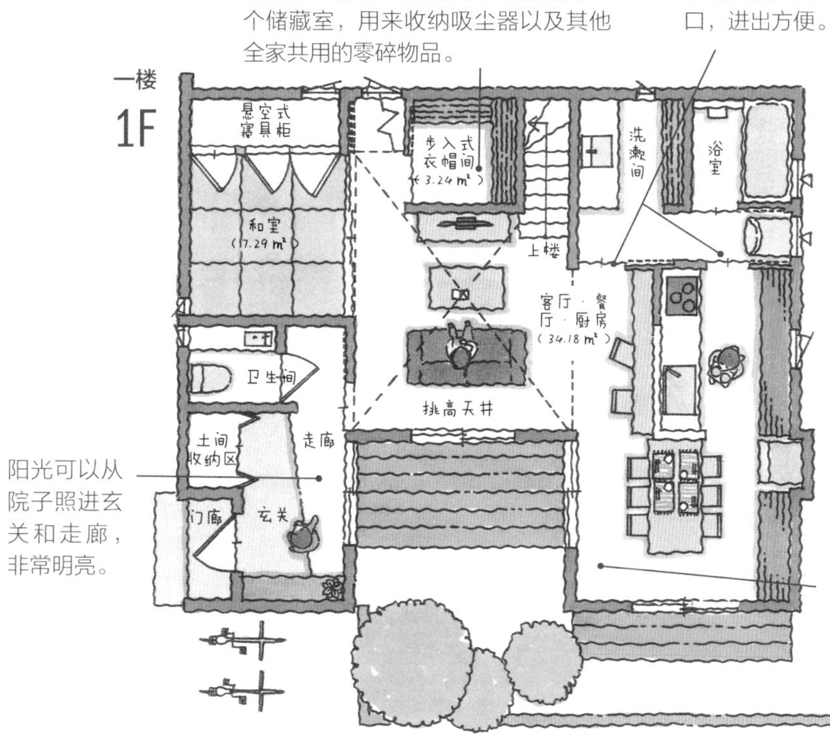

Data

夫妻二人+两个孩子（8岁·9岁）

使用面积……1F：70.4㎡ | 2F：48.9㎡

玉井夫人非常憧憬能够住在带有室外露台的房子里。“虽然室内阳台也很棒，但是我更希望能够坐在室外，在清风的吹拂下喝茶看书。在日常生活中体验到一丝特别感，这就是我梦想中的生活。”

玉井家的宅基地很大，设计师按照他们的需求将宅基地进行了非常奢侈的分区——客厅·餐厅·厨房约为34㎡，室外露台差不多也是一样的大小，约32.4㎡，占了很大的面积。“一家四口全部聚在露台上，也不会拥挤。如果打开客厅的窗户，室内室外就连成了一体，室内会显得更加宽敞、开阔。”

厨房与洗漱区距离很近，非常便利。“与水有关的家务动线变短了，做家务的时间也就变短了，能够放松休息的时间自然比之前多了许多。”

宽敞的室外露台也是家中的副客厅

能够在室外午睡、喝咖啡就是日常生活中最棒的享受

① 约6m长的落地窗。

② 室外露台不是规整的长方形，而是一个直角梯形。这样就可以留出一块儿有土地的空间做庭院。

③ 地板铺的是坚硬、结实的重蚁木。

④ 露台上摆放了室外餐桌椅和灯具，与室内一样舒适。

⑤ 露台靠玄关一侧安装有木板围墙，阻隔了来自外部的视线。

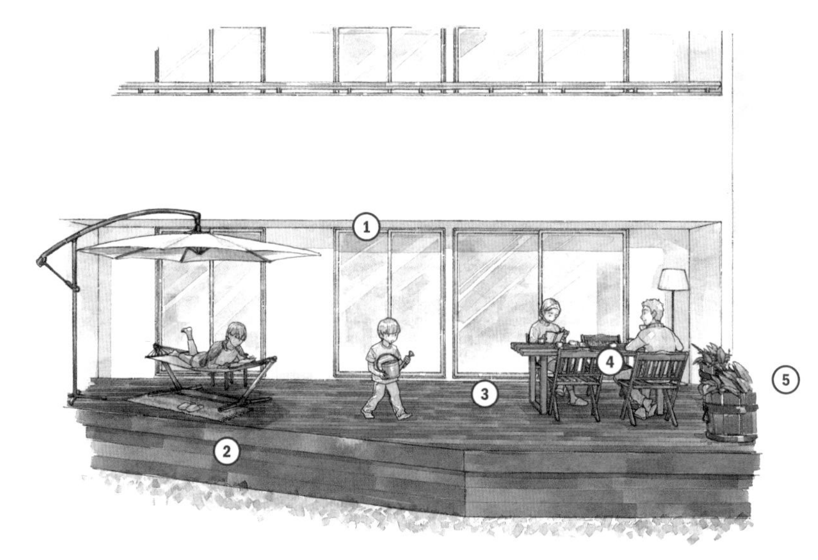

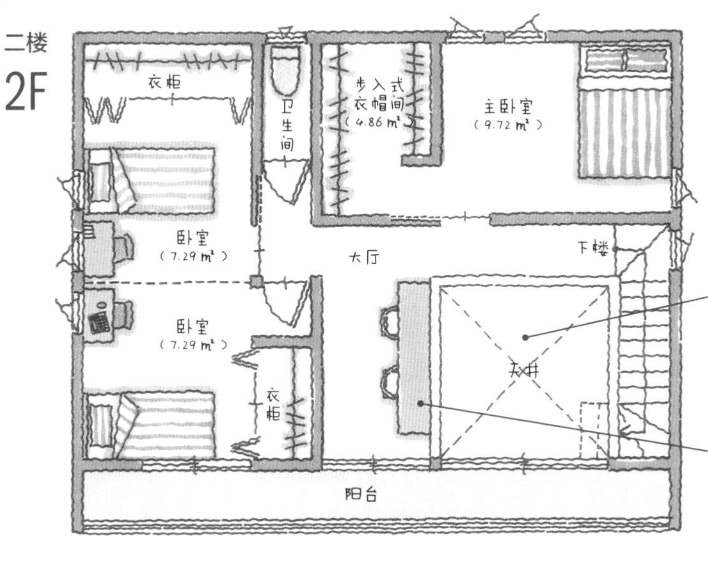

通过挑高天井设计将一、二楼连成一个整体，空调、暖气也可以两层共用，提升了能效。

开放式学习区。

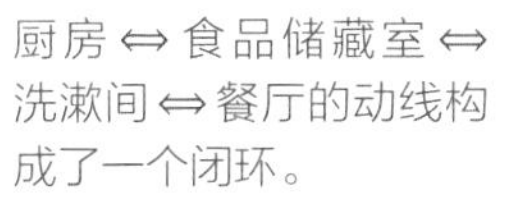

厨房⇔食品储藏室⇔洗漱间⇔餐厅的动线构成了一个闭环。

将和室设置在玄关前方的位置，在和室接待客人时无需再经过客厅。

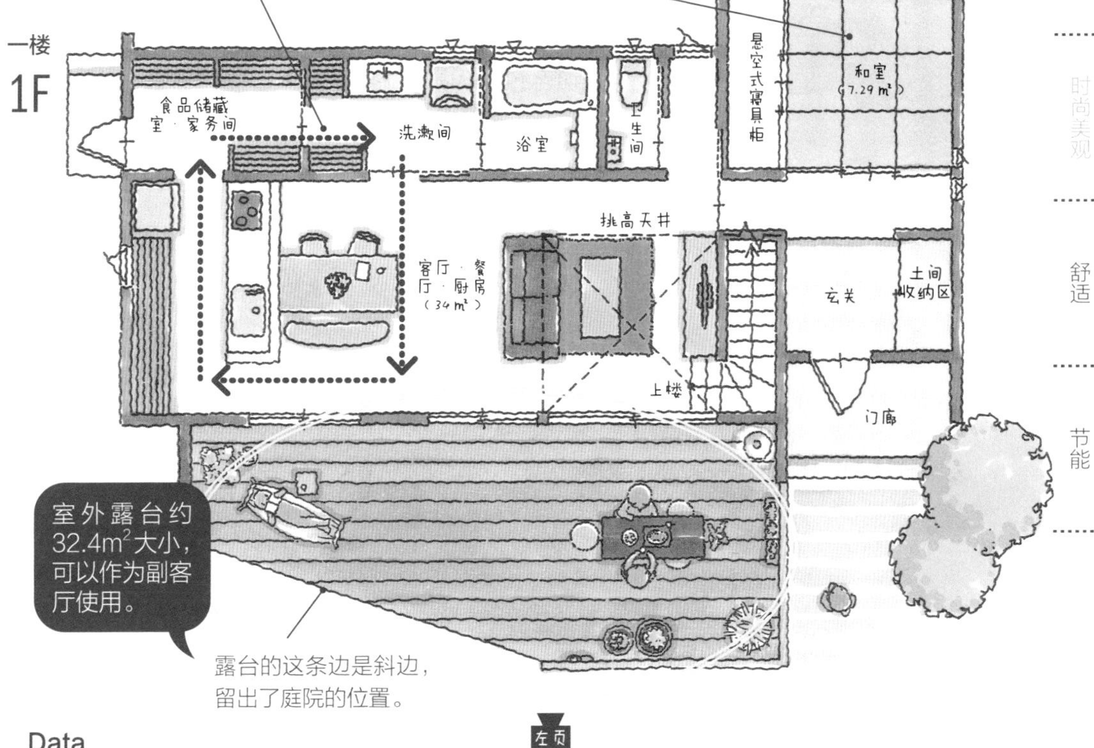

室外露台约 32.4m² 大小，可以作为副客厅使用。

露台的这条边是斜边，留出了庭院的位置。

Data

夫妻二人+两个孩子（6岁·8岁）

使用面积……1F：70.4㎡ | 2F：50.5㎡

山本一家与爱猫政宗一同生活。“我们以前租住的公寓面积比较小，现在要自建住宅了，就希望能够在家中为政宗提供更宽敞的玩耍空间。”

山本家最独特的设计就是长长的猫道。猫道长约7m，从客厅 · 餐厅 · 厨房一直延伸到主卧室。猫咪可以从电视旁的台阶跳到猫道上。

“政宗经常会在猫道上一边散步一边望着下面的我们。阳光能晒在猫道上，所以它也会在上面睡午觉。”沿着客厅·餐厅·厨房向前走，穿过晾衣房就是主卧室。在寒冷的清晨，主人醒来时会发现政宗不知什么时候也钻进了被窝里。“政宗总是在我的身边，我很开心。我更加强烈地感受到，我们是在一起生活。”

挑高天井＋猫道——为喜爱爬高的爱猫设计的住宅格局

主人和爱猫都可以开心、安全地生活

① 猫咪喜欢在安全的场所观察主人。主人在客厅 · 餐厅 · 厨房时也可以看到猫咪的情况。

② 政宗并不像其他猫咪一样擅长从高处跳下，所以特意为它设置了台阶。

③ 猫道横穿客厅与晾衣房，一直延伸到主卧室。

④ 猫道宽约20cm，非常宽敞，政宗可以卧在上面看窗外的风景。

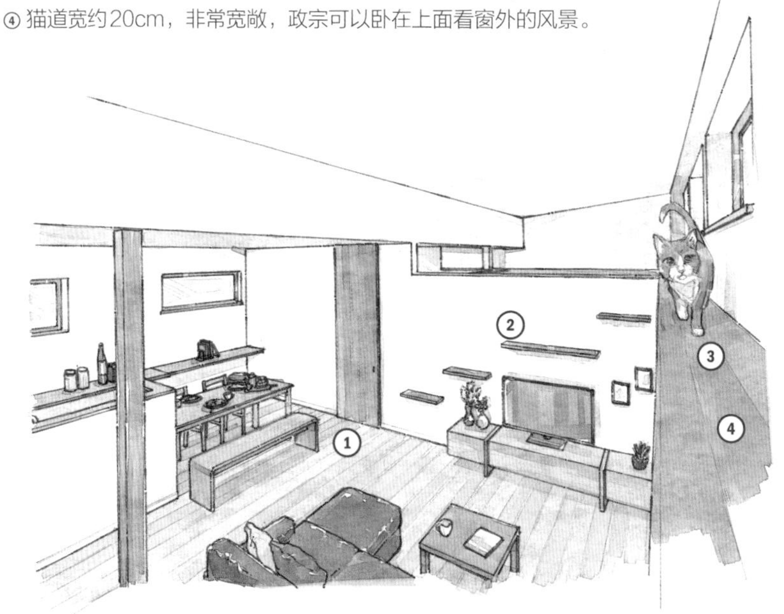

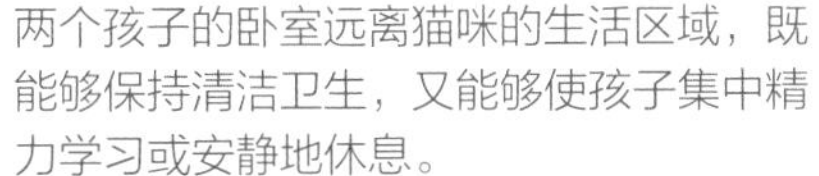

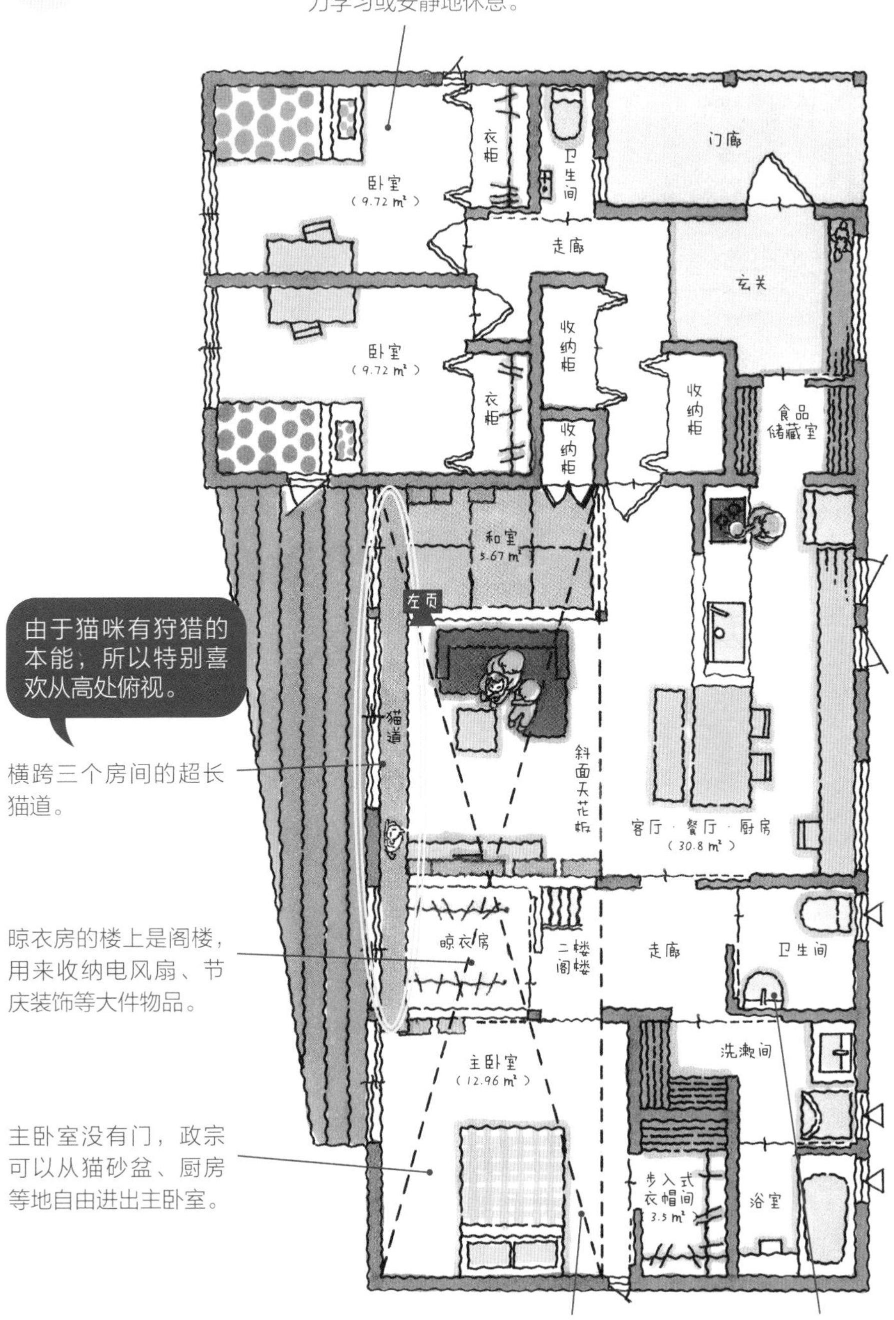

客厅·餐厅·厨房、晾衣房与主卧室的天井是连在一起的，空气自由流通，三间房间可以共享冷气、暖气。

猫砂盆。

Data

夫妻二人＋两个孩子（12岁·15岁）
使用面积……122.6㎡

藤森夫妇二人都是摄影师，希望自己的住宅既个性又上镜。“我们两个人理想中的家，就是在纯白、简约的箱型空间里，有一座漆黑、奢华的旋转楼梯，每天都有温暖的阳光洒在楼梯上。”

由于夫妇二人对住宅的整体形象有非常明确的要求，所以很顺利地就确定了格局设计方案。“一打开家门，就是米白色的玄关和走廊，里面是铁质的旋转楼梯，阳光从天井洒下来。将语言描述的场景变为现实的过程实在是太令人感动了。”

为了确保从室外也能看到屋内的旋转楼梯，设计师特意安装了一扇大型落地窗，从一楼一直延伸到二楼天井。“完成后的效果超乎想象的完美。我们自己都会被它迷住。”

时尚的旋转楼梯成为住宅的主角

只截取旋转楼梯入框，打造精美住宅外观

① 从客厅延伸出的小型室外露台。露台上方有屋顶，是休闲放松的好去处。

② 落地式玻璃窗使住宅外观充满艺术感，外面的人能够透过玻璃窗看到旋转楼梯的侧面部分，但不会看到室内其他的空间。

③ 落地窗一直延伸到二楼的天井。

④ 紧邻玄关入口的地方种了一排低矮的灌木，能够展现四季变化。

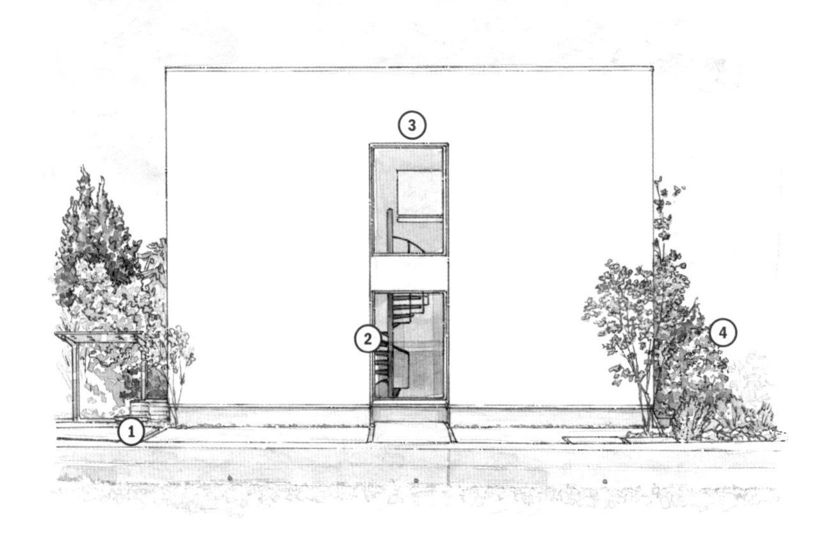

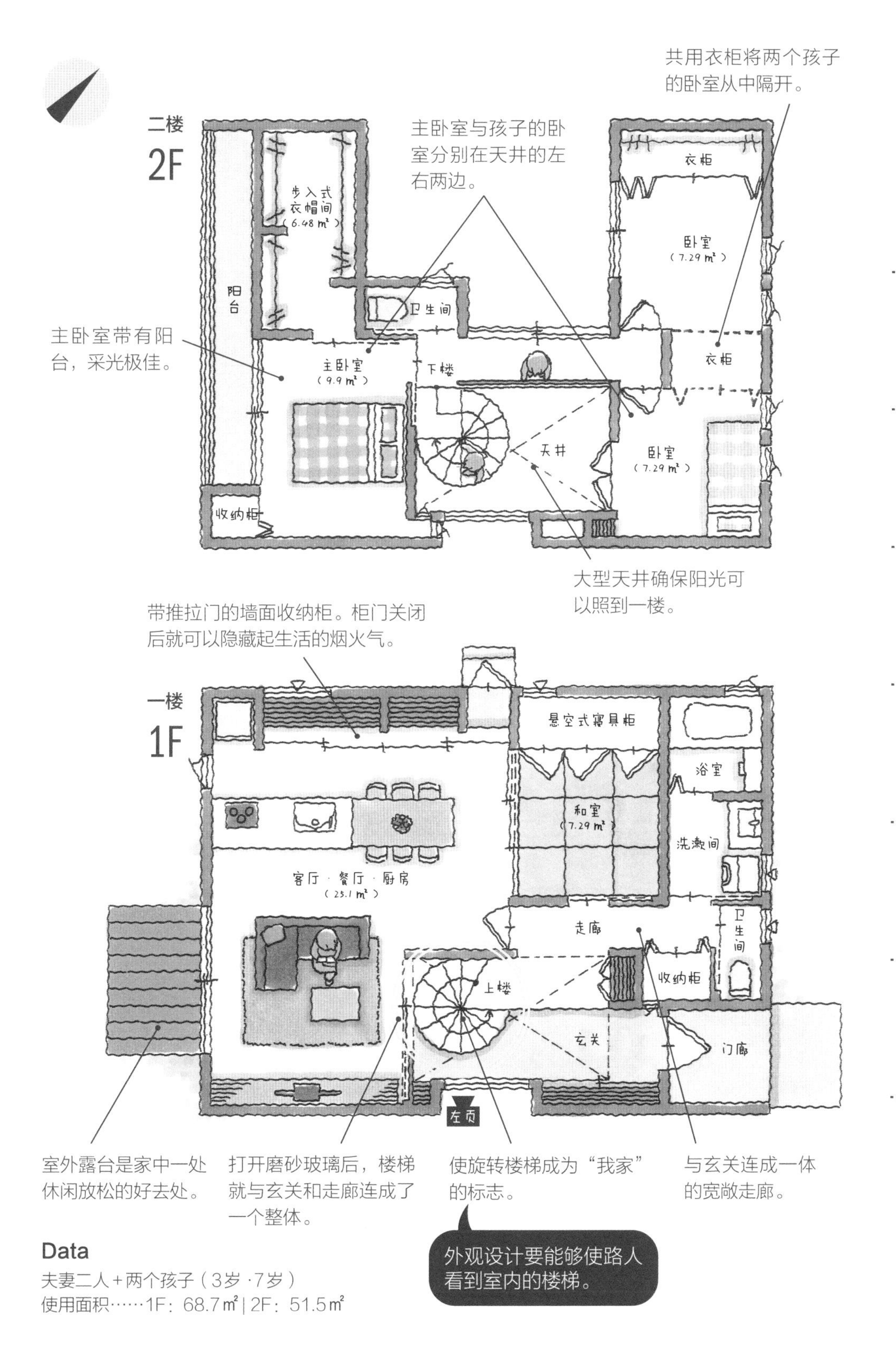

Data

夫妻二人＋两个孩子（3岁·7岁）

使用面积……1F：68.7㎡ | 2F：51.5㎡

日本有一种将一块大面积的土地划分成几小块后分别出售的宅基地类型，叫做“分让地”。这种分让地一般临街，距离商业街或学校较近，交通非常方便。玉置夫妇的家就属于这种分让地。在一排外观相同的商品房中，一栋有黑色外墙的时尚住宅，就是玉置家。门廊上方没有遮挡，抬头可以直接看到二楼的两扇小窗，家长可以在小窗边和刚刚回到家的孩子们打招呼：“欢迎回家”！

自建住宅时，最优先考虑的应该是选址和预算。“所以面积的取舍就成了一个小难点。我们也知道，如果注重客厅的舒适度，把客厅设计得大一些，其他房间可能就会变得挤一点，但还是希望玄关和楼梯周围能尽可能地宽敞一些。”因此，玉置夫妇在决定是否购买这块宅基地之前，先到设计师事务所进行了咨询。在得到设计师“你们的需求通过房间格局的设计可以实现”这样的答复后，才最终下定决心购买土地自建住宅。

设计师当时向夫妇二人展示了住宅格局的设计图：玄关附带走廊，宽敞又舒适；二楼的走廊紧邻天井，空间并不会显得局促，人也不会感到压抑。玉置夫妇看到设计图后终于安心了。

这块宅基地也具有其独特的优点，即客厅可以面南而建。“采光和通风都特别棒。全家人每天都会聚在客厅，所以我特别满意能够把客厅安排在整栋住宅中最棒的位置。”厨房的料理台比标准高度略高，为的是使人从客厅看不到厨房内的情况。“人在客厅时看不到厨房的杂乱。虽然这个家面积不大，却非常舒适。”

临街的住宅，拥有宽敞的玄关与客厅

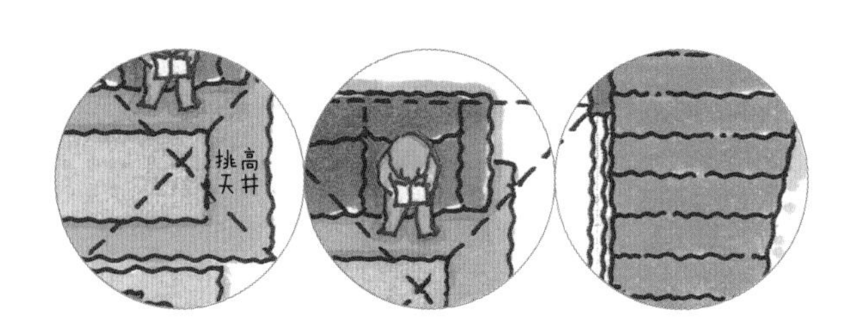

周边住宅密集，所以房间的窗户都比较小，方便保护隐私。

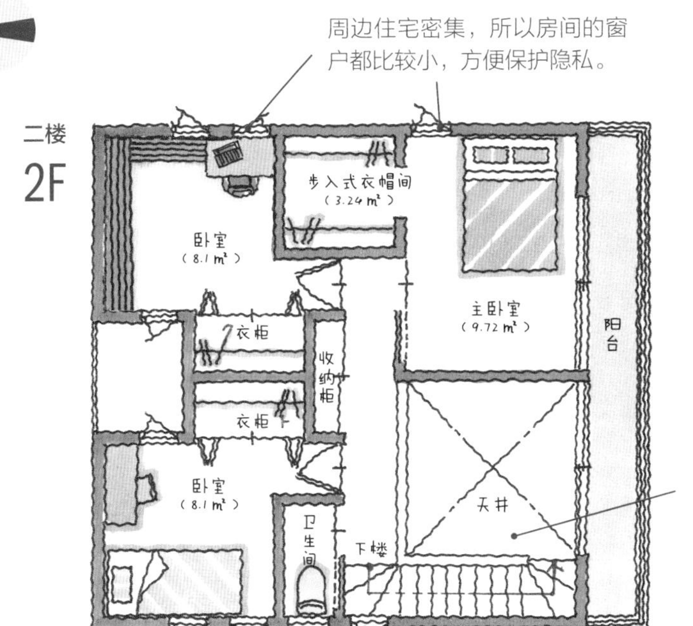

天井与二楼阳台之间有一扇大玻璃窗，阳光可以透过玻璃窗直接照到一楼。

室内几乎所有的门都是推拉门。推拉门节省空间，非常适合小户型住宅。

阳光和自然风可以穿过庭院与天井进入客厅。

客厅设置在整栋住宅最佳的位置。

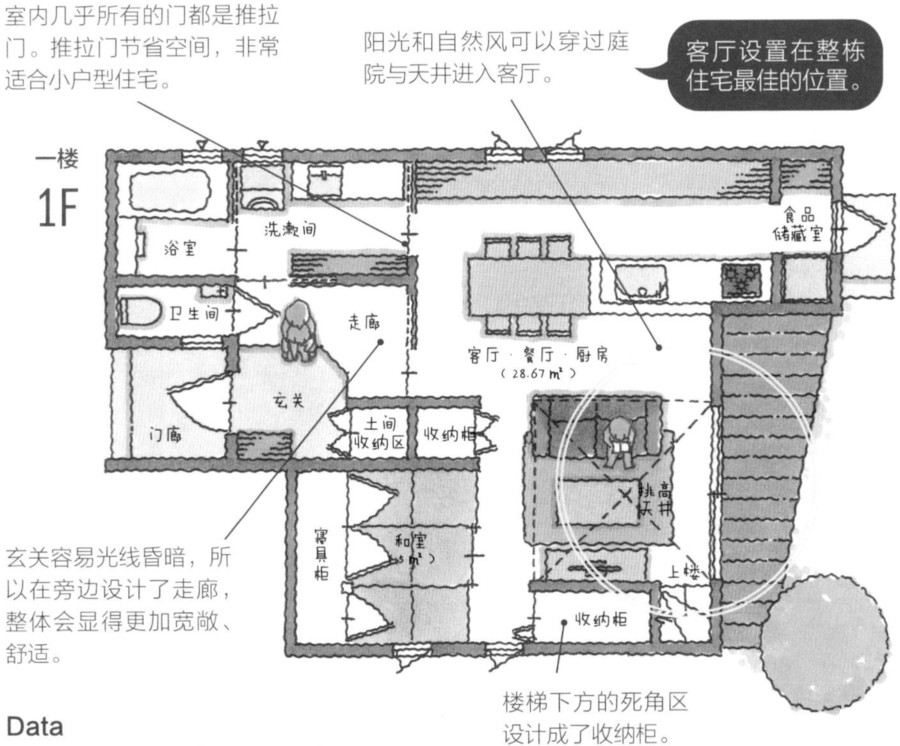

玄关容易光线昏暗，所以在旁边设计了走廊，整体会显得更加宽敞、舒适。

楼梯下方的死角区设计成了收纳柜。

Data

夫妻二人＋两个孩子（7岁・10岁）
使用面积……1F：59.6㎡｜2F：43.0㎡

结成先生是一位木工师傅。三个孩子都升入小学之后，他开始计划建造自己家的独栋住宅。宅基地面积只有72.6㎡左右，对于五口之家而言略有些拥挤，但他本人却相信只要格局设计得好，72.6㎡住起来一样很舒服。

结成先生最在意的就是楼梯平台。所谓楼梯平台，是指连接两段楼梯段的平台，位于两层楼层之间。通过更加细致地划分空间，来增加人的活动空间。“家里的楼梯平台虽然只比普通的楼梯转角略宽敞一点儿，但是孩子们却可以在这里玩耍、读书。阳光也能从二楼洒下来，整个家都亮堂堂的。”

利用楼梯平台，打造小户型的五口之家

小户型住宅也可以拥有宽敞的客厅

① 墙壁向内凹进去一部分，用来摆放电视。

② 电视的上方是宽敞的楼梯平台。阳光从二楼洒下来，照亮整个平台。

③ 镂空楼梯没有踢脚板，可以显得房间更加宽敞。

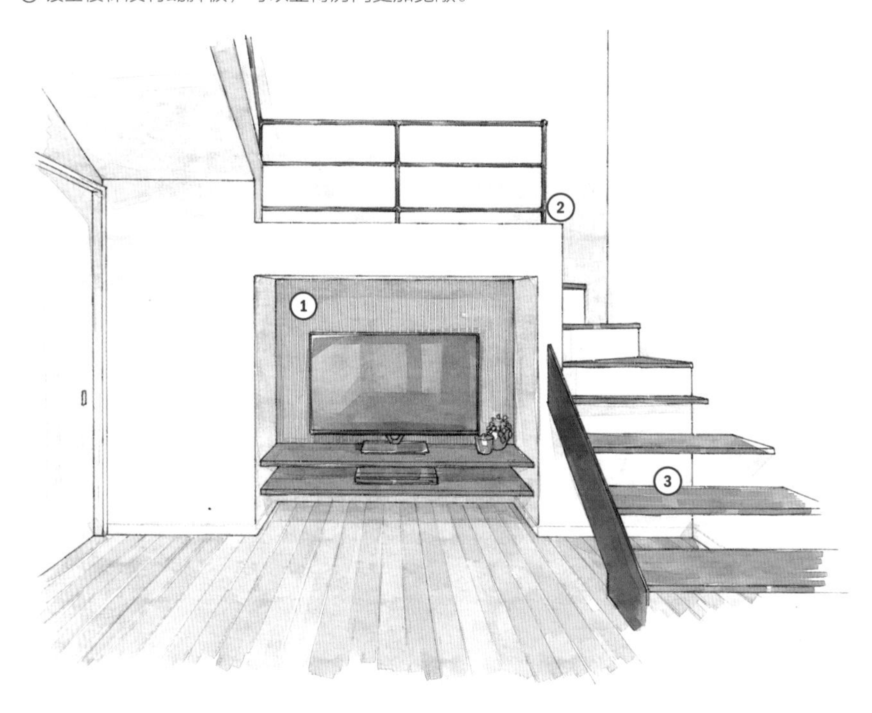

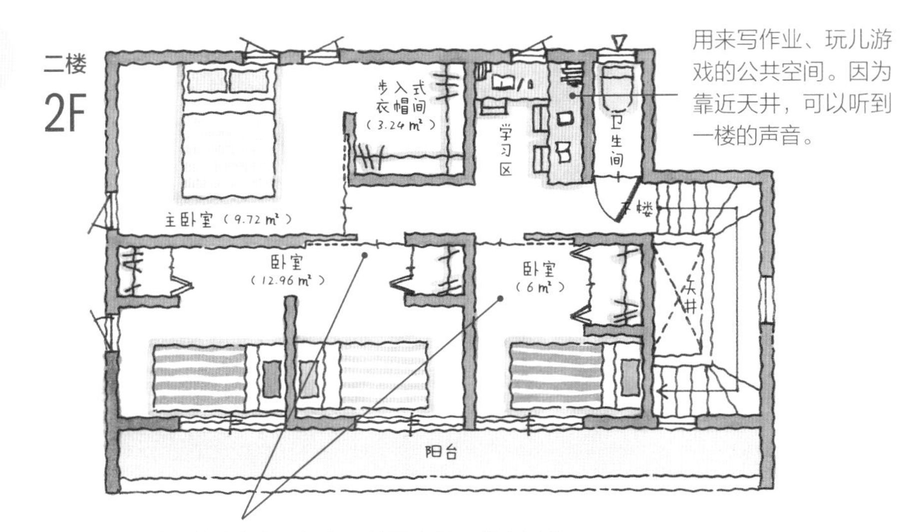

三个孩子的卧室每一间都是能够确保正常生活的最小面积。两个男孩子的卧室共用一扇房门。

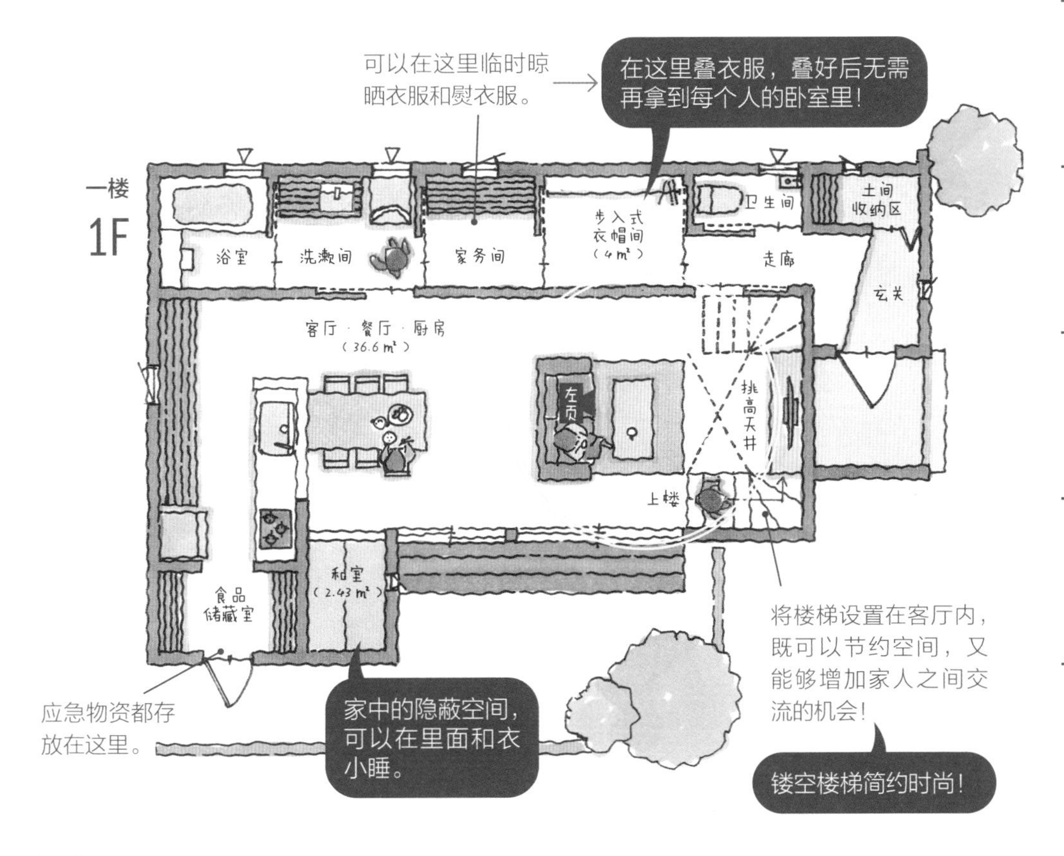

Data

夫妻二人＋三个孩子（6岁·8岁·9岁）
使用面积……1F：66.2㎡ | 2F：46.4㎡

家务轻松
收纳方便
养育子女
时尚美观
舒适
节能

诹访家正中央的位置是和室。“我希望能在全家人经常聚在一起的房间里设置一间佛堂。但又不希望佛堂过于显眼，所以和设计师商量了许久应该把佛堂设置在哪里。”

诹访夫妇与设计师约谈了数次，当设计师拿出这份格局设计图后，夫妇二人只看了一眼就相中了它。“佛堂设置在客厅 · 餐厅 · 厨房这个大开间内，感觉毫不突兀，非常自然。佛堂一直都在视线范围内，不用刻意去看它。摆放供品、上香也非常方便，不用再多绕路了。”

诹访夫妇已经在这栋住宅内住了两年。准备早饭时可以顺便更换佛堂的水，也可以边看电视边更换佛堂的花，生活舒适又方便。“和室的推拉门基本上都是打开的，室内会显得更加宽敞，也方便我们在榻榻米上休闲放松。”

除了和室之外，其他房间也都处处体现着设计师的巧思，兼具晾衣房功能的宽敞的更衣室就是其中之一。“晚上洗完衣服后，可以打开除湿机，在这里晾衣服。到了早上，衣服就晾干了。如果家中突然有客人到访，把门一关，客人就看不到里面的情况。”

家中还有两间次卧，是孩子们的卧室。次卧中间设置了一个学习区。“孩子们在学习区写作业、玩儿游戏。打开推拉门后，我们从厨房也能看到他们的情况，非常安心。”

让佛堂自然融入住宅空间之中

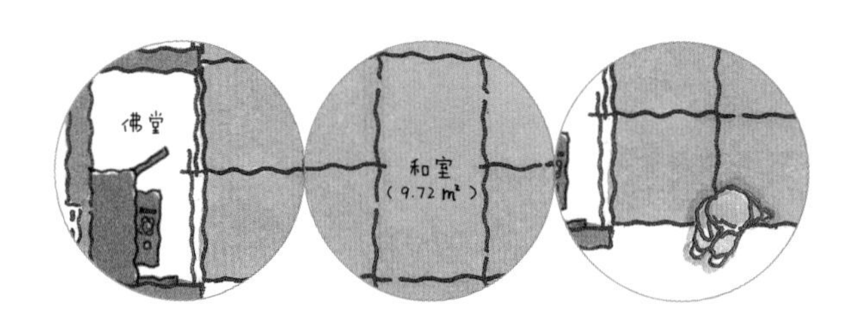

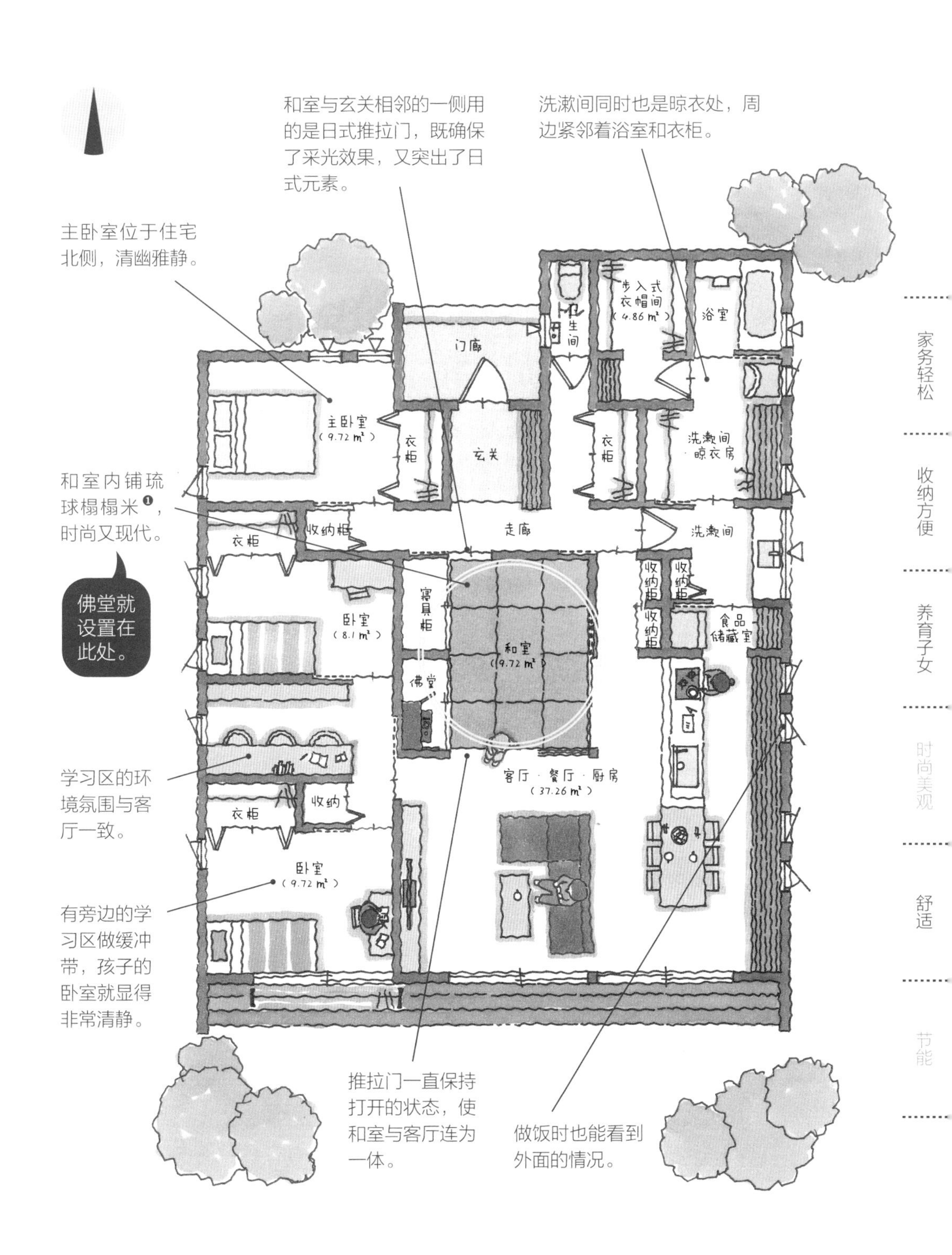

Data

夫妻二人+两个孩子（3岁·6岁）

使用面积……125.0㎡

❶ 琉球榻榻米：正方形榻榻米，四周不封边。

室外露台 场景抓拍

在中庭认真写作业

中庭四周是木质板材的围墙，地面也铺着木地板。利用地板的高低差形成了书桌和座椅，中庭成为孩子们画画、写作业、吃午餐的绝佳地点。

周末在露台快乐吃午餐

住宅主人希望足不出户也能感受到户外的氛围，于是果断决定在家中建一个超大型的室外露台。坐在露台边喝咖啡边闲聊，就是琐碎生活中最幸福的时光。

撷取一片天空入画的小型露台

为了实现住宅主人在有限的地皮上建一座庭院的心愿，设计师设计了这座小型中庭。二楼的外墙上开了一扇像画框一样的小窗，既能保护隐私，又可以欣赏到窗外的风景。

木质围栏守护家庭隐私

这户住宅与隔壁的住宅距离极近，但是主人又希望客厅能够与室外空间连在一起，所以设计师就设计了高高的围栏保护家庭的隐私。围栏使用的是木质材料，营造出自然、柔和的氛围。

宠物可以在露台尽情奔跑

玄关前宽敞的室外露台，是家中宠物休息、玩耍的地方。露台一侧有楼梯直通客厅，在室内也能看到露台的情况，主人可以放心地让宠物在这里玩耍。

超大庭院是最棒的游乐场！

住宅的主人希望可以更贴近地面生活，所以购买了大面积的宅基地，方便打造一处宽敞的庭院。庭院与室外露台都非常宽敞，是很受欢迎的游乐场。

中山夫人喜欢烹饪，餐具和烹饪用具都喜欢买自己喜爱的、质量好的产品，可以用很长时间。“虽然餐具和各种烹饪工具的外观都是我喜欢的，但如果把它们全部摆在外面，我还是担心整个家会显得过于有烟火气。”于是设计师为中山夫人在厨房设计了一面墙面收纳柜。收纳柜长3.6m，柜顶直接与天花板连在一起，不仅可以存放餐具，电饭煲、微波炉等厨房电器也全部可以收纳进去。关闭收纳柜的推拉门后，可以完全阻挡来自外部的视线与灰尘。厨房尽头还设计了一处食品储藏室。“食品储藏室俨然就是一个独立的小房间，还可以把冰箱摆放进去，彻底隐藏起了生活的烟火气。”

中岛式厨房的墙裙选用的是有漂亮木纹的墙面装饰板，为整个客厅 · 餐厅 · 厨房增添了几分暖意。“我非常得意我家厨房的设计，既卫生又美观。”

完美隐藏餐具、家电、垃圾箱的漂亮厨房

定制的墙面收纳柜如商品展示柜般干净整洁

① 超大容量的收纳柜，共有四扇推拉门。

② 电饭煲、烤面包机等厨房家电可以轻松收纳其中。隔板可以拉出，无需担心蒸汽，使用起来更加安心。

③ 活动式隔板，可以根据存放物品的高度进行调整。

④ 白色的柜门使客厅 · 餐厅 · 厨房整体显得更明亮。

⑤ 右下角空出两层的空间，用来摆放垃圾桶。

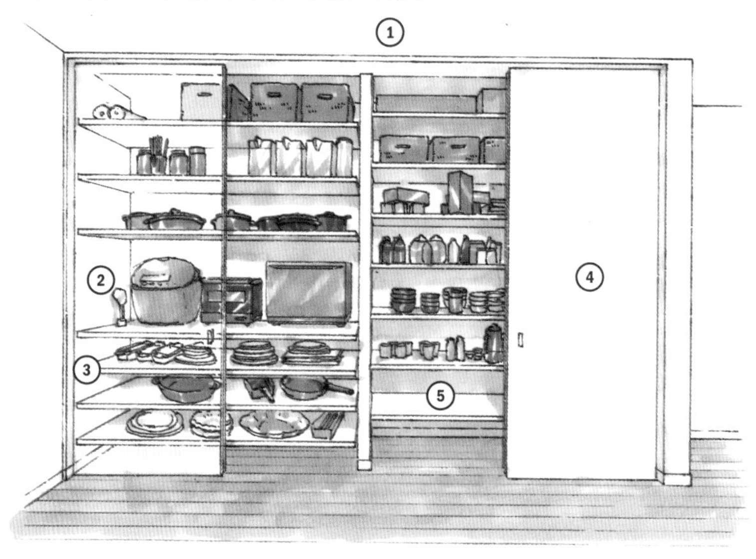

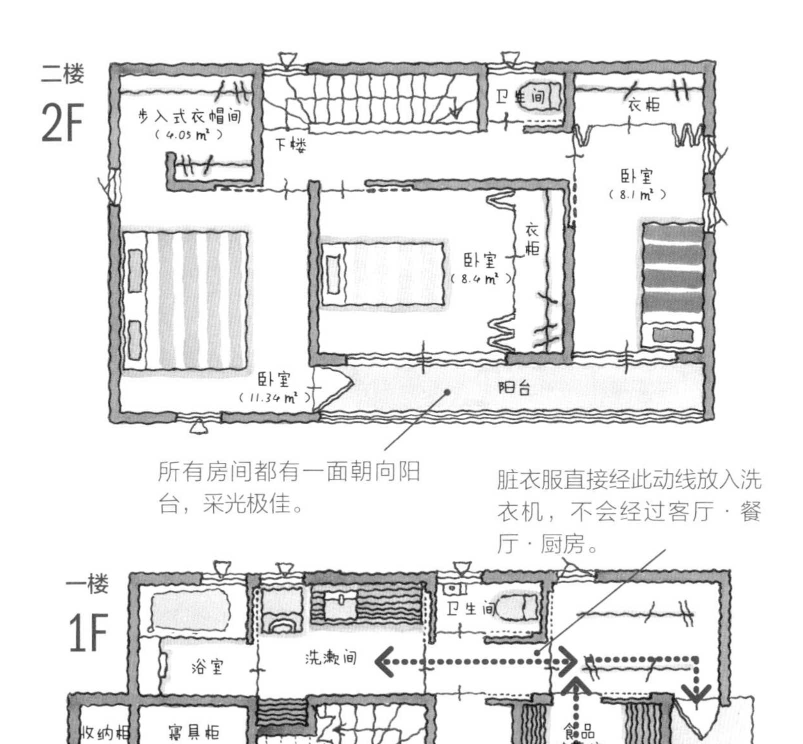

所有房间都有一面朝向阳台，采光极佳。

脏衣服直接经此动线放入洗衣机，不会经过客厅 · 餐厅 · 厨房。

一楼

1F

卫生间 浴室 洗漱间 收纳柜 寝具柜 食品储藏室 上楼 和室（7.29㎡） 客厅 · 餐厅 · 厨房（33.2㎡） 走廊 玄关 土间收纳区 门廊

中岛式厨房的墙裙选用的是有漂亮木纹的墙面装饰板，像家具一样，非常漂亮。

客厅 · 餐厅 · 厨房内有许多扇窗，采光极佳。

长3.6m，高至天花板的超大型墙面收纳柜。

定制收纳柜，餐具、厨房家电、垃圾桶全部可以收纳其中！

特意将餐厅设置在离客厅较远的位置，这样全家人用餐时就可以专心聊天，不受客厅电视的干扰。

Data

夫妻二人＋两个孩子（2岁 · 6岁）

使用面积……1F：70.0㎡ | 2F：46.4㎡

北村夫妇二人都是上班族，两个孩子目前在上幼儿园。“傍晚时段永远是最忙的。下班之后要冲去接孩子，回程还要顺路买菜。回到家之后马上就要做晚饭，完全没有休息的时间。”

为了减轻北村夫人的负担，设计师设计了“整理→做菜”一条龙动线，按照“玄关→土间收纳区→食品储藏室→厨房”的路线将这几间房间串联起来。土间收纳区安装了衣架，人到家之后可以将外套、背包直接挂在这里。“之前回家，要先走到客厅去换衣服，换下来的衣服就扔在沙发上了。但是自从搬到新家之后，这种情况就没有了。也省下了收拾客厅的时间。”

购物归家后的“整理→做菜”一条龙动线

土间收纳区紧邻着食品储藏室。大米、罐头等在这里都有各自的存放位置。重的东西存放在靠近入口处，轻的东西存放在里面，整条动线非常合理。“我走到厨房的时候，手边只剩下马上就会用到的食材。整条动线上丝毫不做无用功，大大缩短了做家务的时间，真的是帮了我的大忙。”

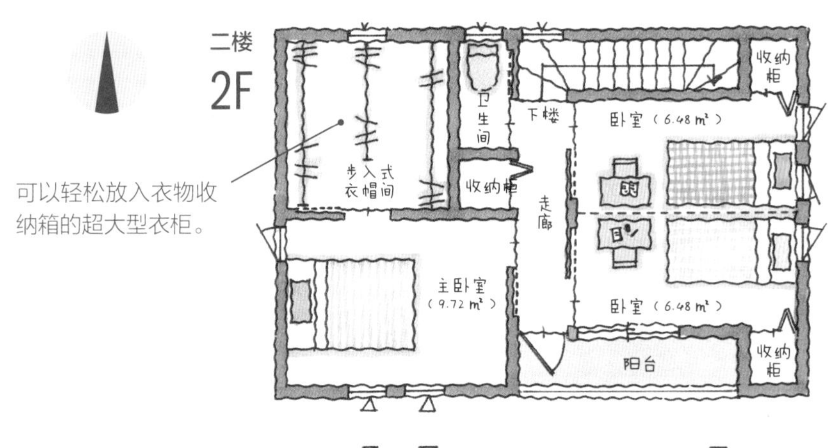

可以轻松放入衣物收纳箱的超大型衣柜。

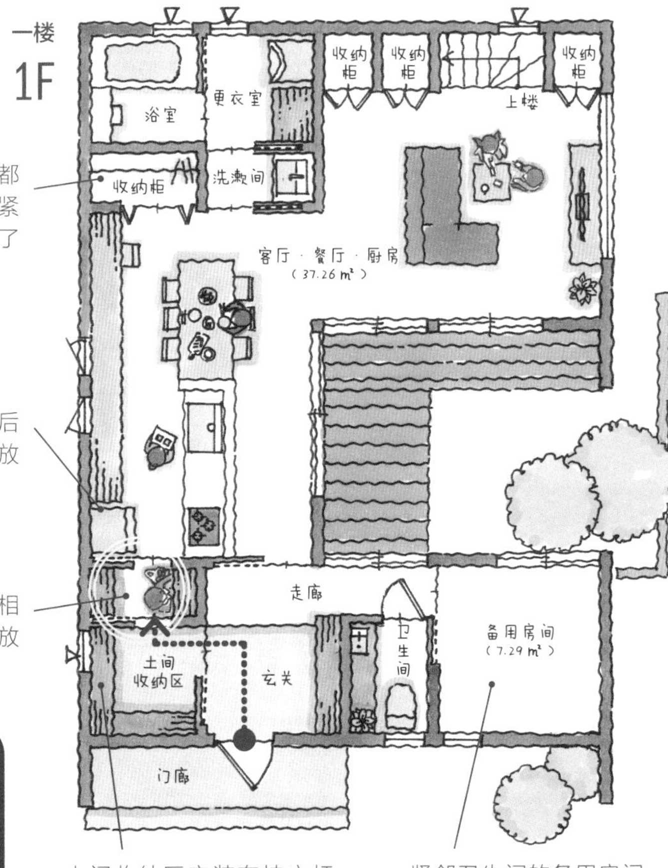

孩子和丈夫的上衣都收纳在这里，它在紧张忙碌的清晨发挥了极大的作用。

冰箱摆放在燃气灶后方，方便做饭时取放食材。

食品储藏室与玄关相连通，方便迅速存放食材。

购物回家后，可以立即将罐头、根茎类蔬菜、矿泉水等较重的食材存放起来。

土间收纳区安装有挂衣杆，妻子的外套、背包可以挂在上面。这里相当于家中最忙碌成员的专属空间。

紧邻卫生间的备用房间，可以将整个庭院的风景尽收眼底。客人留宿时睡在这里也会感到非常开心。

Data

夫妻二人+两个孩子（0岁·4岁）
使用面积……1F：72.9㎡ | 2F：41.4㎡

真锅夫妇希望新家的格局能够方便孩子们帮忙做家务，“我们希望把孩子们培养为乐于助人的人，而帮父母做家务正是乐于助人的第一步”。

日常生活中工作量最大的就是与三餐有关的家务。“孩子们饭前要帮忙摆碗筷，饭后也得帮忙收拾餐桌。”因此，过道必须宽敞（92cm）。墙面凹进去一部分用来摆放冰箱，过道两旁没有突出的障碍物，两人迎面相遇不会撞到。餐桌与厨房的料理台并排摆放。孩子们的座位在靠近厨房的一侧，这样更能提升他们的干劲儿。“当他们坐在料理台旁边时，很自然地就会想要去帮忙。今天给蔬菜削削皮，明天帮忙撒撒调料，日复一日，就可以学会很多家务了。”

二楼的走廊比较宽敞，附带阳台，采光极佳，因此最适合用来晾衣服。走廊紧邻孩子们的卧室，这也是夫妇二人的作战计划之一，“自己的衣服晾干后，就自己收起来叠好。如果让他们把衣服从一楼带到二楼房间内，他们会觉得很麻烦。但是如果让他们把衣服从二楼走廊带回房间，两个人就不会有怨言”。精心设计的房间格局让孩子们更愿意分担父母的家务，真锅夫妇对此非常满意。

利用住宅格局
帮助孩子养成做家务的好习惯

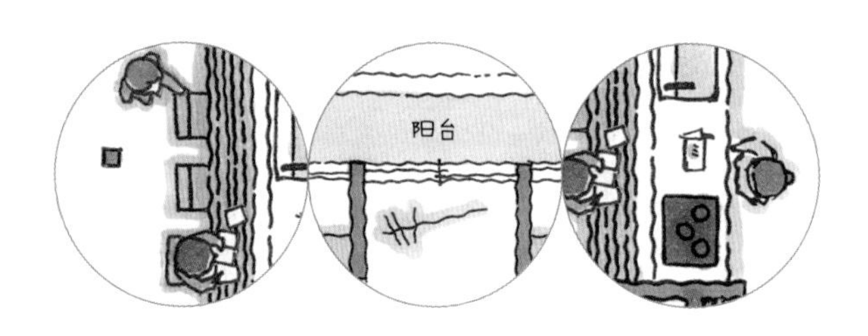

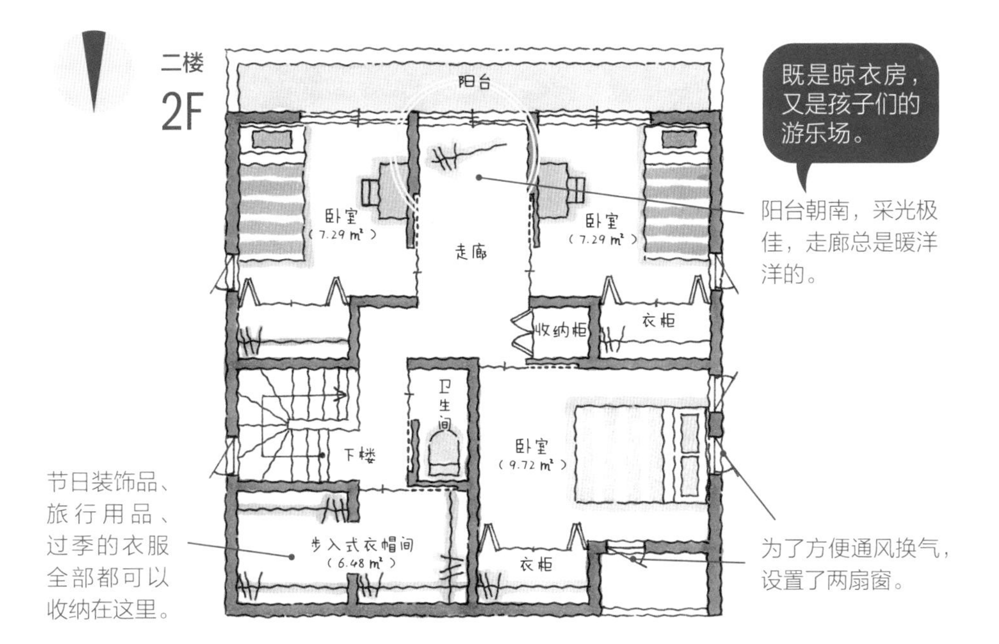

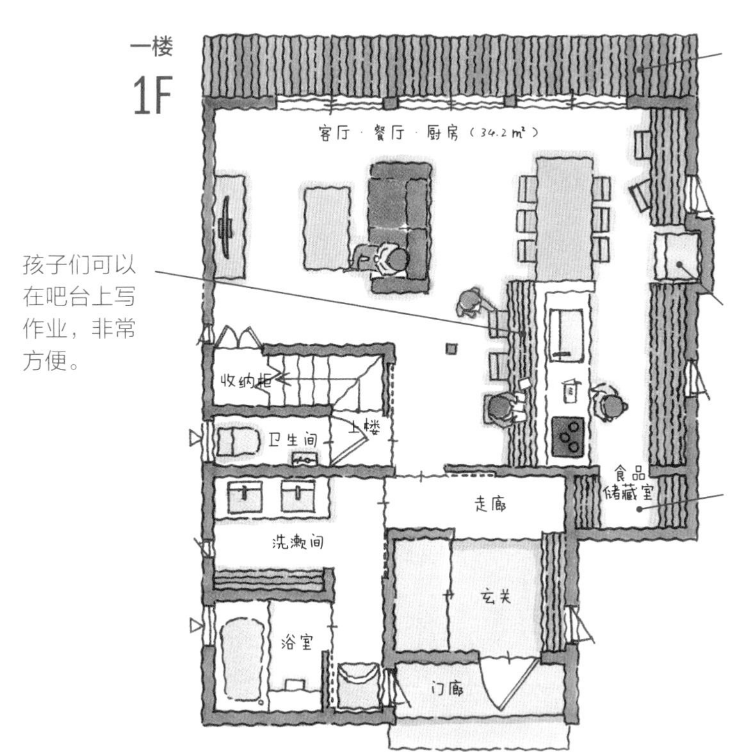

晴天时，檐廊就成了全家最有人气的地方。

墙面凹进去一部分专门用来摆放冰箱，过道两侧没有突出的障碍物，非常宽敞。

食品储藏室虽然面积不大，但却足够用来收纳不想摆放在外面的物品。

Data

夫妻二人+两个孩子（7岁·9岁）
使用面积……1F：59.0㎡ | 2F：51.3㎡

野岛家的两个孩子一个一岁，一个三岁，正是需要人照顾的时候。“做饭、洗衣服、衣服脏了、饭洒了……无限循环。在之前的家里，我每天不停地来往于厨房、客厅、洗漱间和阳台，累得筋疲力尽。”

所以在建造新住宅时，野岛夫人最在意的部分就是要缩短做家务的动线。“设计师告诉我说，将厨房设置在住宅正中央能够很好地缩短家务动线。我自己看了设计图后也发现，这样设计确实确保了从各个房间到厨房都是最短的距离！于是很爽快地就接受了这个方案。”

人站在厨房里，和室、客厅 · 餐厅、露台、庭院皆在视线范围内，几乎整个家的情况都可以尽收眼底。

“我站在这里（厨房），就可以看到孩子们吃饭、睡午觉和玩耍的样子。得闲看一眼庭院，还能赏一赏摇曳的枝叶和透过叶片缝隙洒下的阳光。这就是平凡生活中的小幸福。”

燃气灶的旁边是食品储藏室。回家后先经过食品储藏室再进入厨房，所以可以顺手将买来的食材摆放好。“特别是买了大米、矿泉水这种很重的东西时，我更是由衷地感叹家里的格局真是设计得太好了。”厨房的后面是洗漱区域，从厨房到洗衣机只需三步，从洗衣机到洗漱间也只需三步，大大减轻了人的负担。“以厨房为中心”的住宅，生活起来非常便利，野岛一家对此非常满意。

令家务动线最短的住宅格局：将厨房设置在住宅最中央

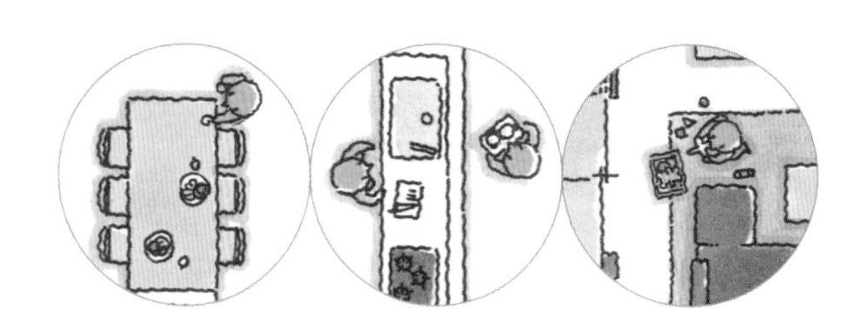

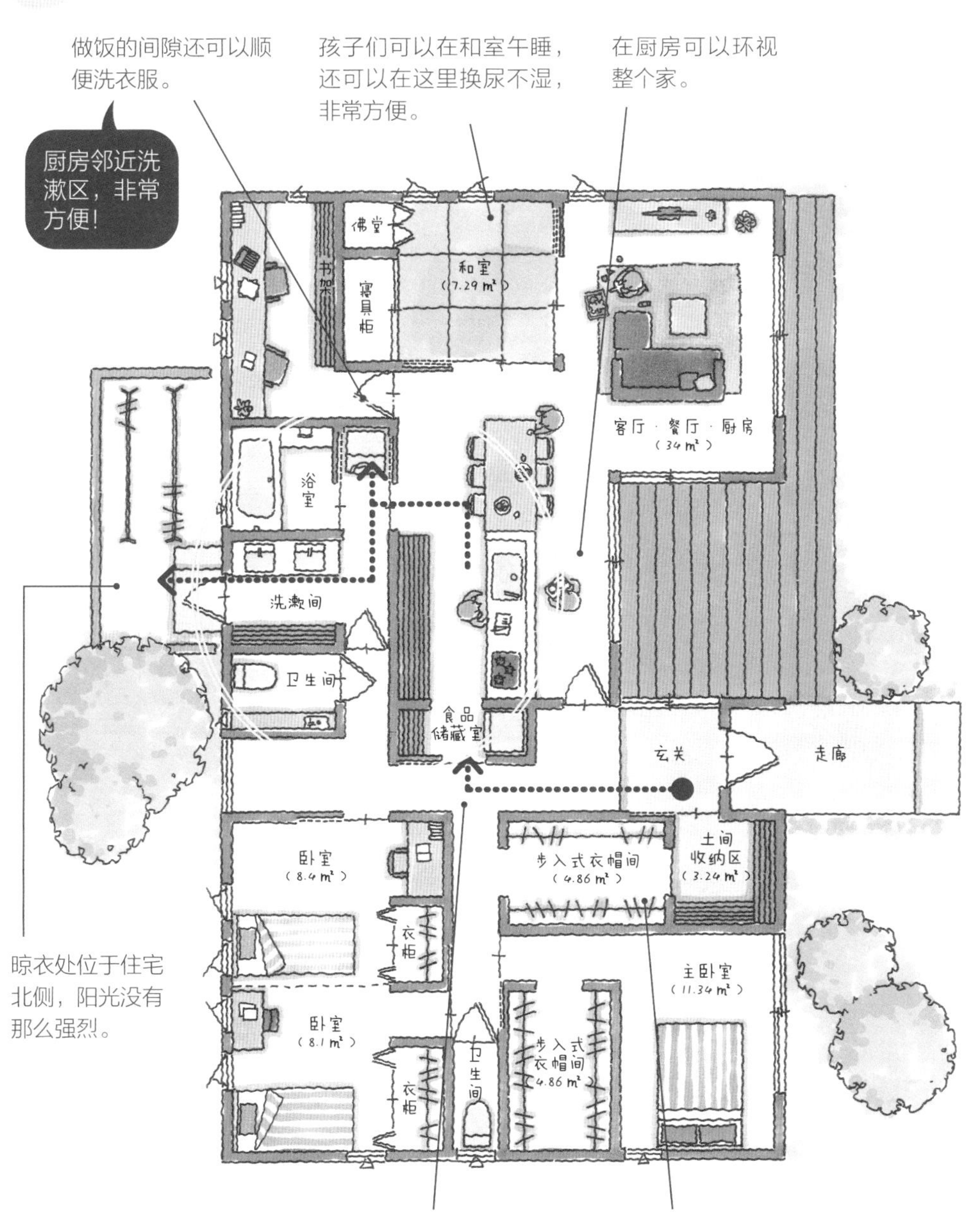

Data

夫妻二人+两个孩子（1岁·3岁）
使用面积……129.2㎡

泷下夫妇二人都很喜欢烹饪。“最近大女儿也开始对烹饪感兴趣了。等另外两个孩子再长大一点儿，我希望全家人能够在家里一起做饭。”为了实现这个心愿，泷下夫妇选择了中岛式厨房。厨房的左右两侧都是开放的，人可以自由出入烹饪区，方便多人同时操作，这就是中岛式厨房的魅力所在。冰箱位于料理台的斜后方。“去冰箱取东西不会经过烹饪区，所以我就可以请客厅里的人帮忙从冰箱里取东西。这样的厨房布局方便家人从各个方向进入厨房帮忙。”

但是中岛式厨房要比传统的厨房造价略高。因此泷下家选择了小型的厨房岛台，装饰材料也都选择简约的瓷砖，来降低造价。“设计师推荐我们使用了拼贴时不需要做很多切割的马赛克瓷砖。选颜色的过程也很开心，是一段非常美好的回忆。”

在忙碌的育儿生活中，泷下夫人还感受到了中岛式厨房其他的优势。“料理台前方的防溅板比台面高约20cm，所以从餐厅一侧看不到台面上的东西。做饭的时候料理台免不了乱七八糟的，吃饭的时候台面正好被挡住了，眼不见为净，心情也会特别舒畅。使用得越久，越会发现中岛式厨房真是好处多多。”

左右两侧皆可进出的中岛式厨房

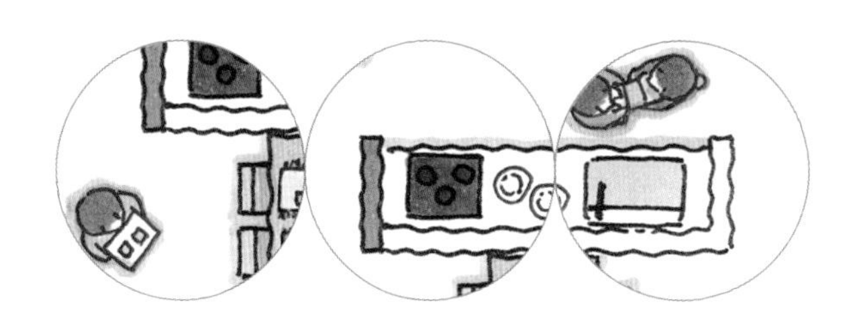

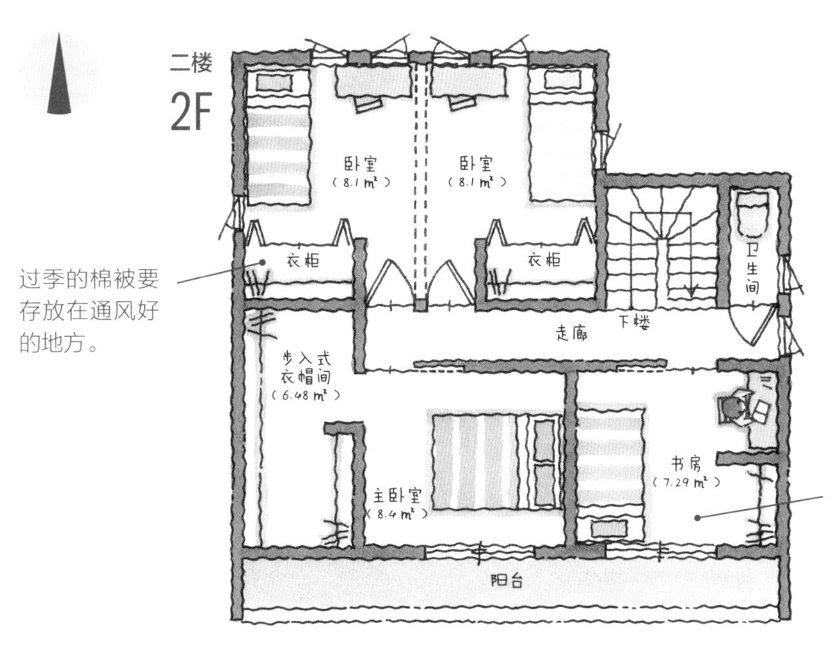

过季的棉被要存放在通风好的地方。

紧邻楼梯的房间现在是书房，之后会改为孩子的卧室。

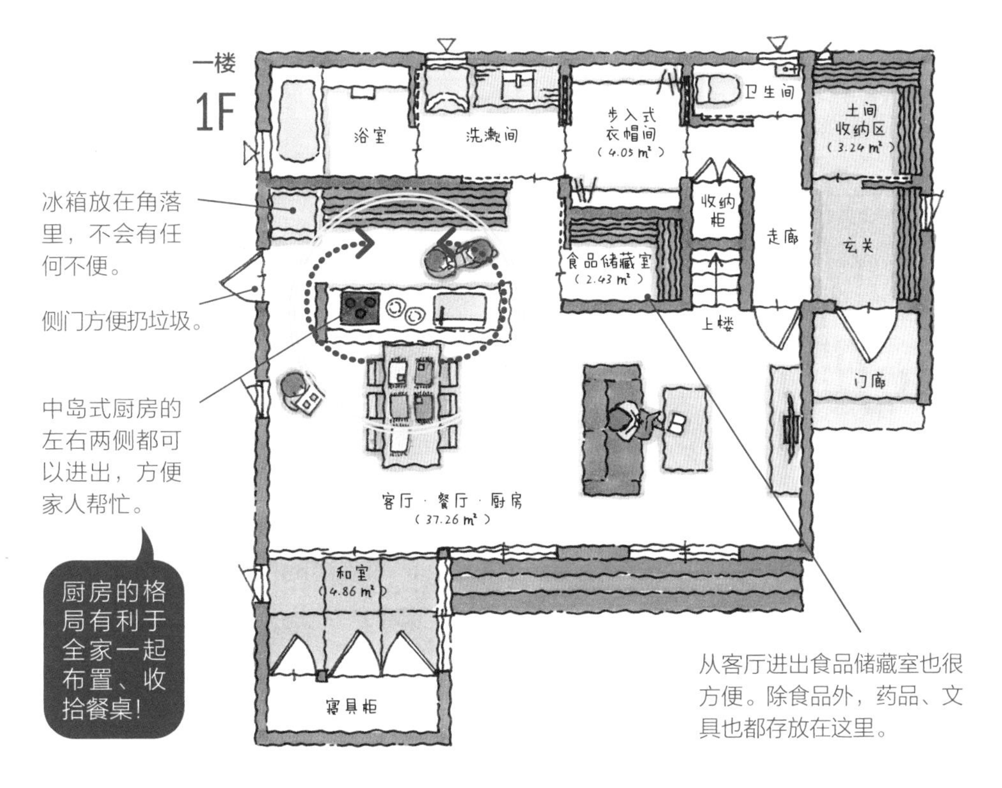

冰箱放在角落里，不会有任何不便。

侧门方便扔垃圾。

中岛式厨房的左右两侧都可以进出，方便家人帮忙。

厨房的格局有利于全家一起布置、收拾餐桌！

从客厅进出食品储藏室也很方便。除食品外，药品、文具也都存放在这里。

家务轻松
收纳方便
养育子女
时尚美观
舒适
节能

Data

夫妻二人+三个孩子（0岁·2岁·7岁）

使用面积……1F：73.7㎡ | 2F：54.7㎡

野崎先生特别喜欢钓鱼，甚至还为此考取了船舶驾驶证。“周末的时候，我一大清早就开船出海，如果收获颇丰，还会邀请朋友一起到家里吃饭。我希望朋友到我的家中能够吃到现钓、现做的新鲜美味。”

于是设计师为野崎家设计了一个专门存放鲜鱼的水槽。水槽在鞋柜区的一角，由于这块区域是土间，没有铺木地板，所以无需担心弄湿地板。钓鱼归家之后，无需换衣、换鞋，就可以直接把鱼放入水槽内。放好鱼之后，穿过食品储藏室，进入厨房。“冰箱摆在食品储藏室内，可以顺便把路上买来的其他食材放进去。而且在客厅里看不到水槽这边的情况，这一点我也很满意。”

钓鱼爱好者和鱼类美食爱好者的专属厨房

客人由另外一条路线进入家中，即经玄关、走廊到达餐厅。野崎先生就站在吧台处迎接。“看到他们吃着我做好的青花鱼，我就很开心。L形的吧台虽小，功能却很齐全，使用起来非常方便，有一种小餐馆的氛围，我非常满意。”

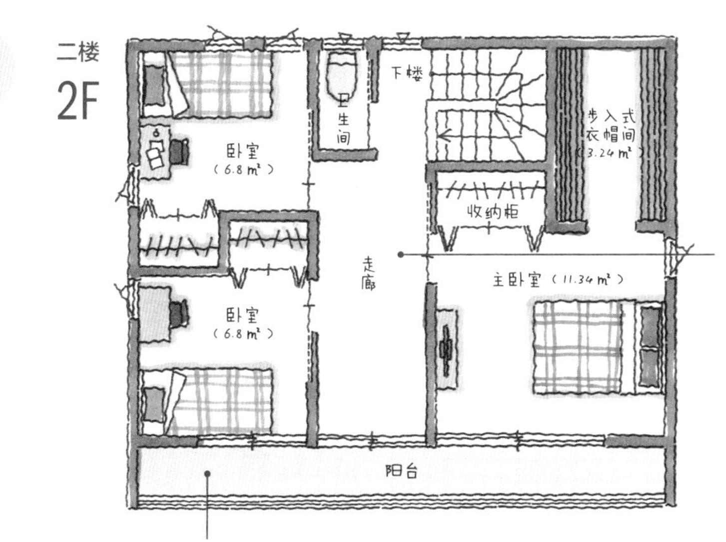

宽敞的走廊确保阳光穿过阳台照射到整个楼层。

大阳台确保二楼拥有充足的阳光。

专为喜爱钓鱼的丈夫设计！食品储藏室的前面设置有鲜鱼专用的水槽。

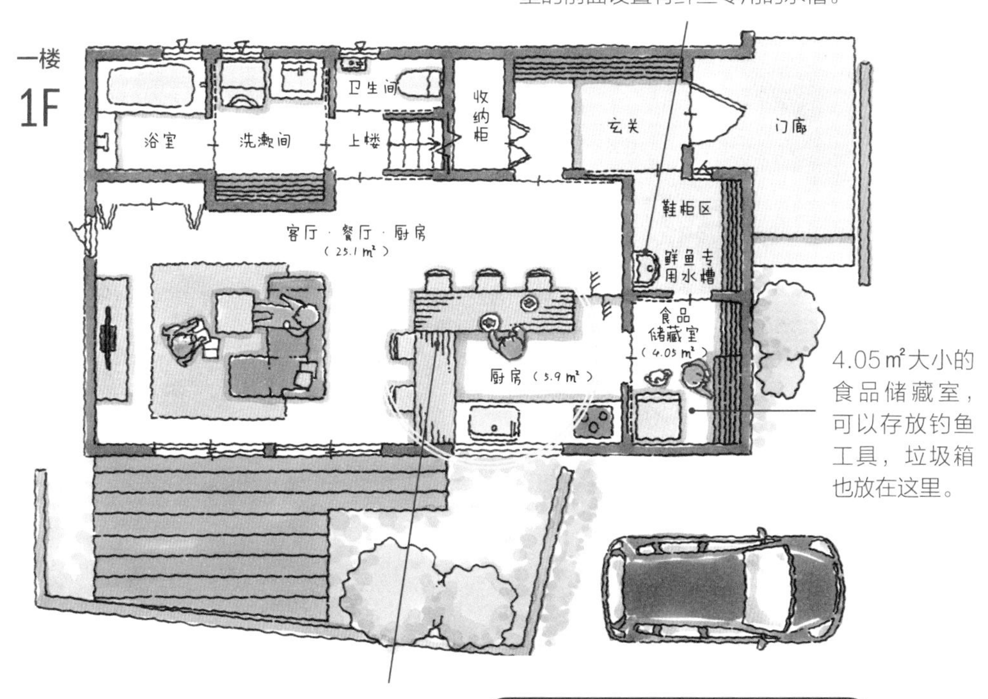

4.05㎡大小的食品储藏室，可以存放钓鱼工具，垃圾箱也放在这里。

L形餐厅吧台，用餐的人和做饭的人能够面对面，方便一边做饭一边聊天。

吧台下面是餐具收纳柜。菜做好后可以在用餐的人面前直接摆盘。

Data

夫妻二人＋两个孩子（3岁·7岁）
使用面积……1F：57.6㎡ | 2F：48.4㎡

家务轻松 收纳方便 养育子女 时尚美观 舒适 节能

翠夫人非常喜欢烹饪，甚至会自己编写原创菜谱。“我一进厨房就会待很长时间，所以希望在厨房里也能时时看到孩子们都在干什么。”

设计师依据翠夫人的要求，将厨房设计在整栋住宅的最中央位置。烹饪区的正前方是客厅，侧面是图书角。无论孩子们是在学习还是在玩耍，厨房里的母亲都可以一眼看到。“无论他们是在认真写作业，还是开始争吵，我都可以迅速知晓。”

家中的大人和孩子都喜欢图书角。图书角约7.29㎡大小，一整面墙都是书架，有六层高，包括小说、漫画、大开本的图册等，还可以放地球仪和孩子们的书包。

“我先生的藏书一直以来都放在储藏室里，搬到新家之后就全部放在了这个图书角。我在做饭的时候，还能抽空取一本食谱或散文书来看。孩子们也能自然而然地对我们大人的书产生兴趣。建这个图书角还真是个好主意。”

书架选用的是温暖质感的松木材质，且造价不高。“孩子卧室的书桌也是同样的松木材质。定制的书桌更结实，价格上也和成品家具没有太大差别。”再过几年，孩子们会有更多的时间待在自己的房间里。翠夫人谈到这里，对未来充满了期待：希望到时候他们还是可以感受到父母的爱。

紧邻厨房的图书角：女主人做饭、看娃两不误

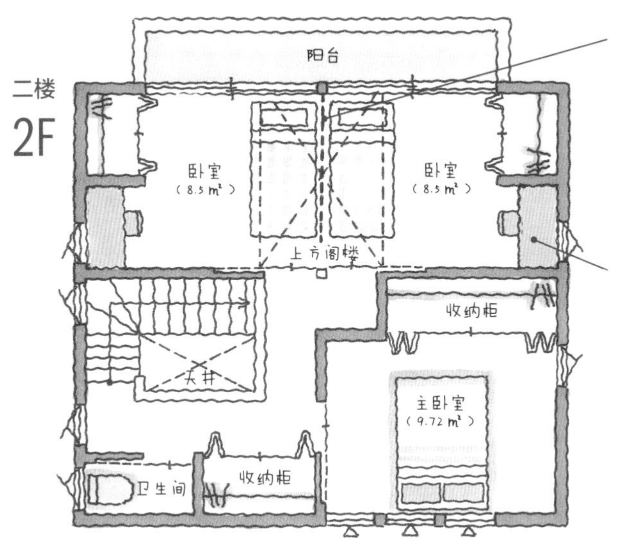

中间有一根立柱，将来可以借此将这个大房间隔成两个小房间。

书桌与墙壁连在一起。书桌和一楼图书角的书架相同，都是松木材质。

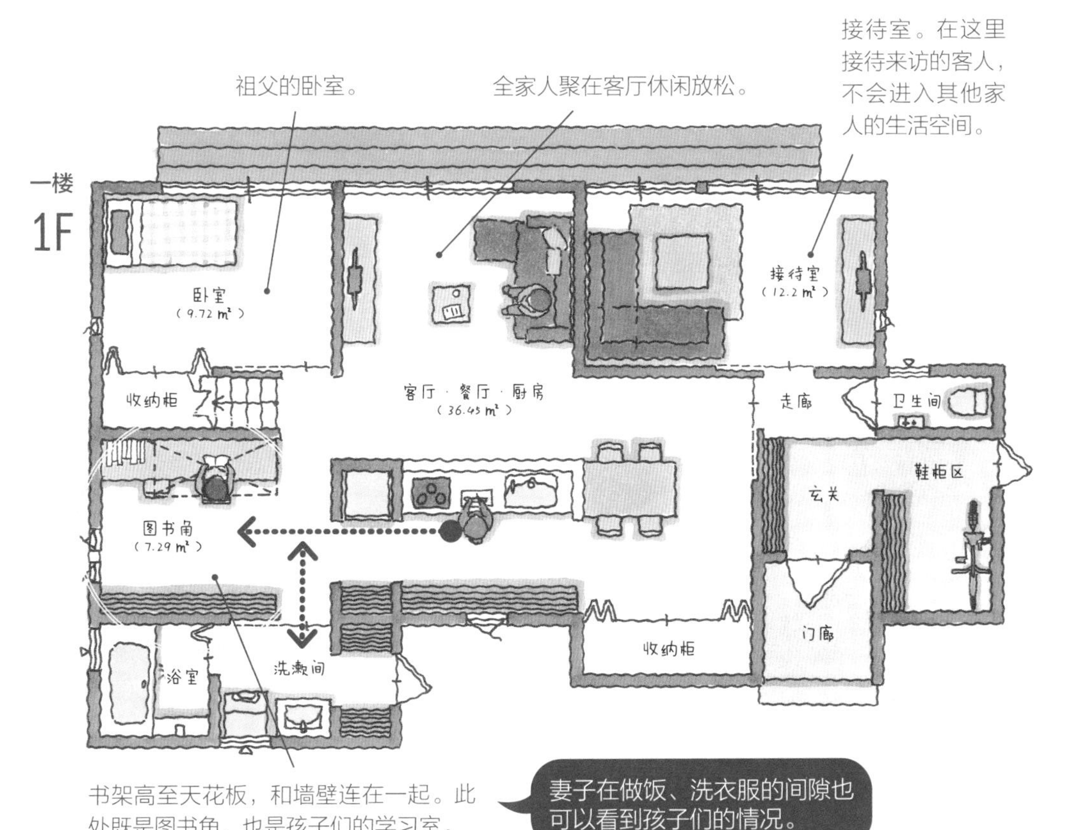

书架高至天花板，和墙壁连在一起。此处既是图书角，也是孩子们的学习室。

妻子在做饭、洗衣服的间隙也可以看到孩子们的情况。

Data

祖父＋夫妻二人＋两个孩子（6岁·9岁）
使用面积……1F：91.1㎡ | 2F：44.7㎡

村上先生非常喜欢在户外活动。“但现在孩子们还太小，暂时没办法出远门，所以我希望能够在家里随时来一场BBQ（室外烧烤）。”

BBQ的会场就是住宅东南角的室外露台。炭炉、炭、食材都存放在食品储藏室，使用时再从侧门搬到外面的露台。“厨余垃圾之类的脏东西可以直接在外面扔掉，不会再污染室内环境，真的是非常方便。招待朋友时，大家都聚在客厅，乱哄哄的，有了这条室外动线，准备、收拾起来也更方便。”

遮挡视线的围栏与露台之间还留有一段空间。“侧门既方便通行，又方便通风。庭院里种着绿植，看着它们就能够感受到一年四季的变化。露台真的是好处多多。”

户外爱好者必读：超实用的露台与侧门布局图

在不进行BBQ的日子里，可以把客厅的落地窗全部打开，客厅和露台就连成了一体。

“孩子们这个年纪也开始喜欢在露台上画画、堆积木了。他们用自己的肌肤感受到了在户外活动是多么舒畅。”

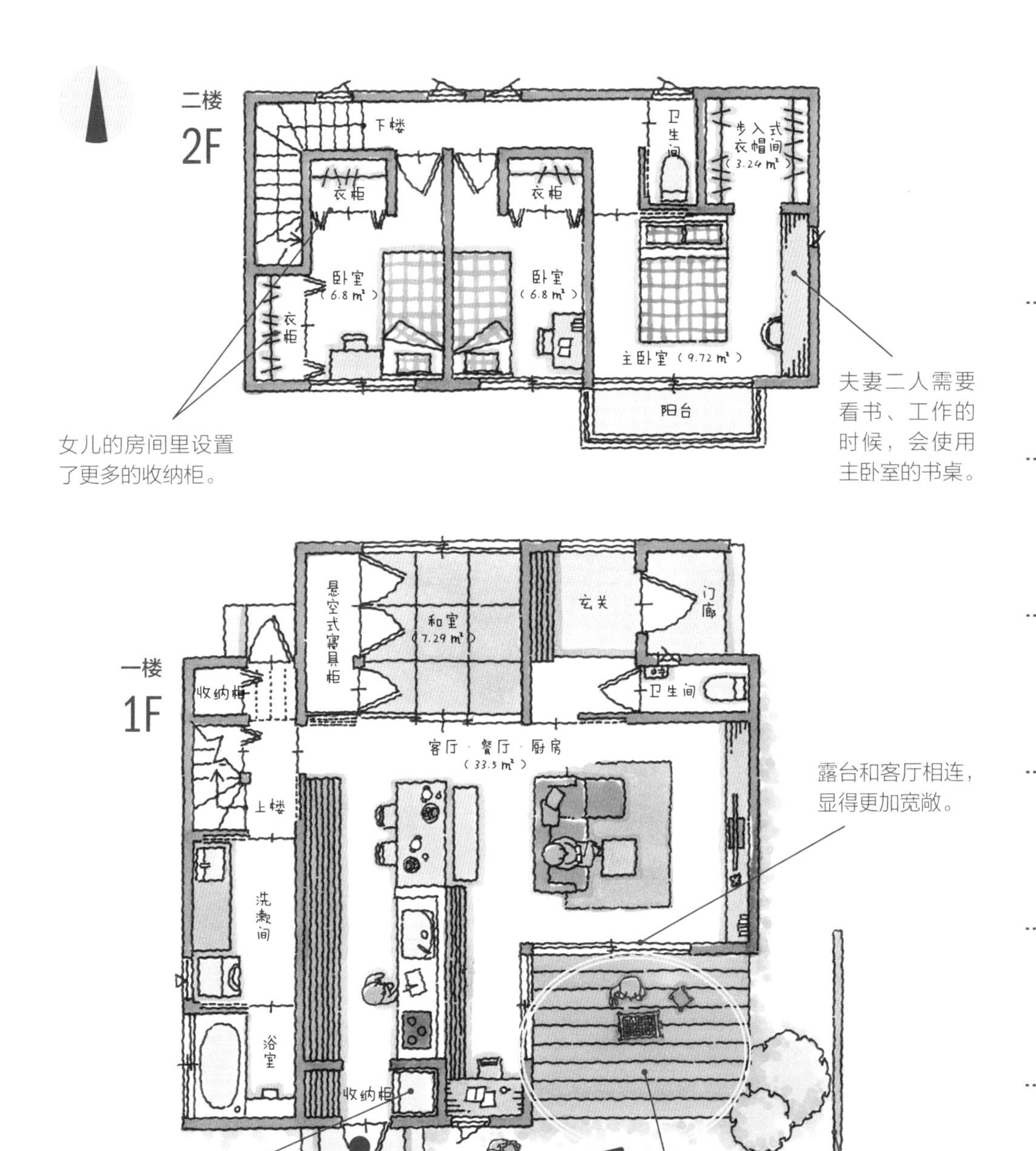

女儿的房间里设置了更多的收纳柜。

夫妻二人需要看书、工作的时候，会使用主卧室的书桌。

露台和客厅相连，显得更加宽敞。

冰箱可以隐藏在食品储藏室内，干净整洁。

从侧门进出露台非常方便。

9.72㎡大小的露台，周末时可以在这里BBQ。

围栏可以遮挡外面行人的视线。

Data

夫妻二人＋三个孩子

使用面积……1F：66.2㎡ | 2F：41.4㎡

厨房 场景抓拍

巧妙的分隔设计令注意力更集中

半开放式厨房与餐厅恰到好处地分隔开，厨房内的人可以更集中注意力在烹饪、整理上，客厅·餐厅内的人也不会看到厨房内的杂乱景象。

与女儿一起做点心

宽敞的操作台使用起来非常方便。妈妈实现了和孩子一起做面包、做蛋糕的梦想。

只需转身就可完成所有工作的U形厨房

水槽、料理台、燃气灶都分布在U形操作台上。人站在厨房正中间，只需转一转身体就可以迅速完成所有工作。

大家都可以静下心来坐着吃饭

吧台式厨房与榻榻米式餐厅的巧妙组合。家人可以帮忙把刚做好的菜端上餐桌。

兼具“隐藏、展示”双重功能的炫酷厨房

弯形水龙头、拼贴方式颇具特色的瓷砖，以及有生命力的房梁，都是主人希望“展示”的厨房特色。但主人又希望能够隐藏做饭时杂乱的台面，所以加高了操作台三面的围挡。

厨房附带三角屋顶的食品储藏室

白色的瓷砖、布艺窗帘、松木地板，这些内装令厨房充满暖意与大自然的气息。照片中靠近镜头的地方是食品储藏室，入口处有一个三角形的屋顶造型，充满童趣。

栗田一家有五口人，每天洗衣服就要两三次。女主人爱花在与设计师约谈时谈道："家里最繁重的体力劳动就是洗衣服、晾衣服。有些衣服洗完之后会变得很重，我要把它们从一楼抱到二楼去晾晒，晒干后抱回一楼的客厅叠好，再送到每个人的房间去。"设计师根据栗田家的实际情况，提议不如就将洗衣机设置在二楼。栗田夫人茅塞顿开，欣然同意。"晾衣服的地方距离步入式衣帽间也很近，衣服晾干后可以直接拿到衣帽间挂好。这样的格局设计实现了'洗→晾→叠'一条龙动线，能减轻不少家务负担。"

步入式衣帽间约4.86㎡大小。上下双层晾衣竿设计，可以大量挂置短款衣物。"衣服晾干后直接拿进衣帽间挂置，连衣架都不用取下来。T恤、短裤全部都可以挂起来，再也不用叠衣服了！"

一楼的洗漱间没有了洗衣机，空间也显得更宽敞了。洗漱、清洁都变得更方便。"我的生活轻松了不少，洗完澡之后终于能有时间陪伴孩子们，舒适又开心。"

二楼放置洗衣机，
轻松实现"洗→晾→叠"一条龙的动线

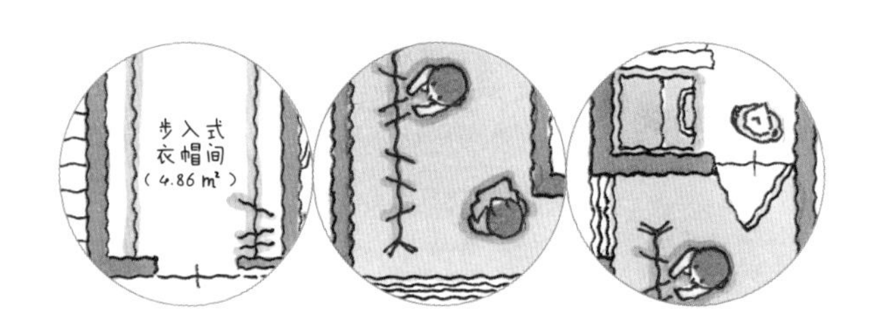

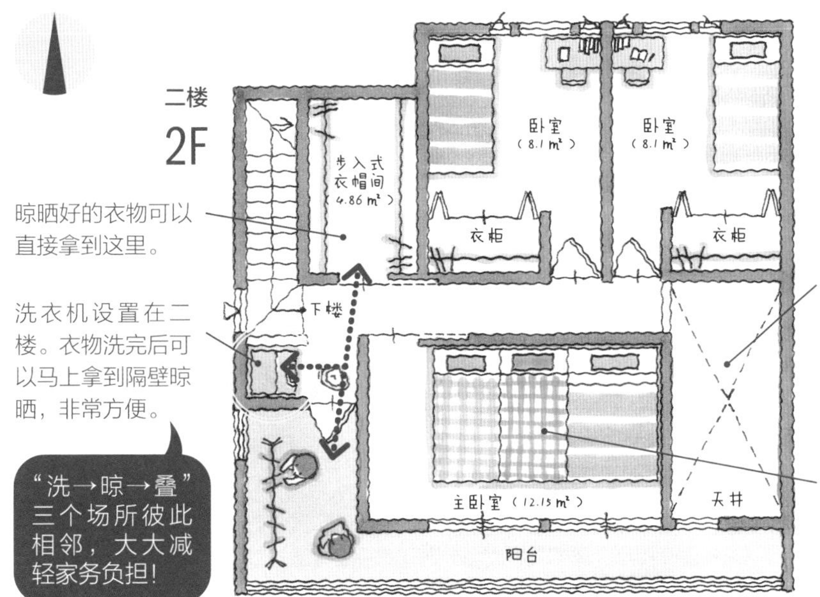

晾晒好的衣物可以直接拿到这里。

洗衣机设置在二楼。衣物洗完后可以马上拿到隔壁晾晒，非常方便。

“洗→晾→叠”三个场所彼此相邻，大大减轻家务负担！

有了天井之后，阳光可以透过阳台直接照射到一楼的客厅。

孩子们目前还是和父母并排睡在一起。

卫生间设置在楼梯旁，方便家中所有人使用。

宽敞的洗漱间，洗漱更方便。

没有洗衣机，空间更宽敞！

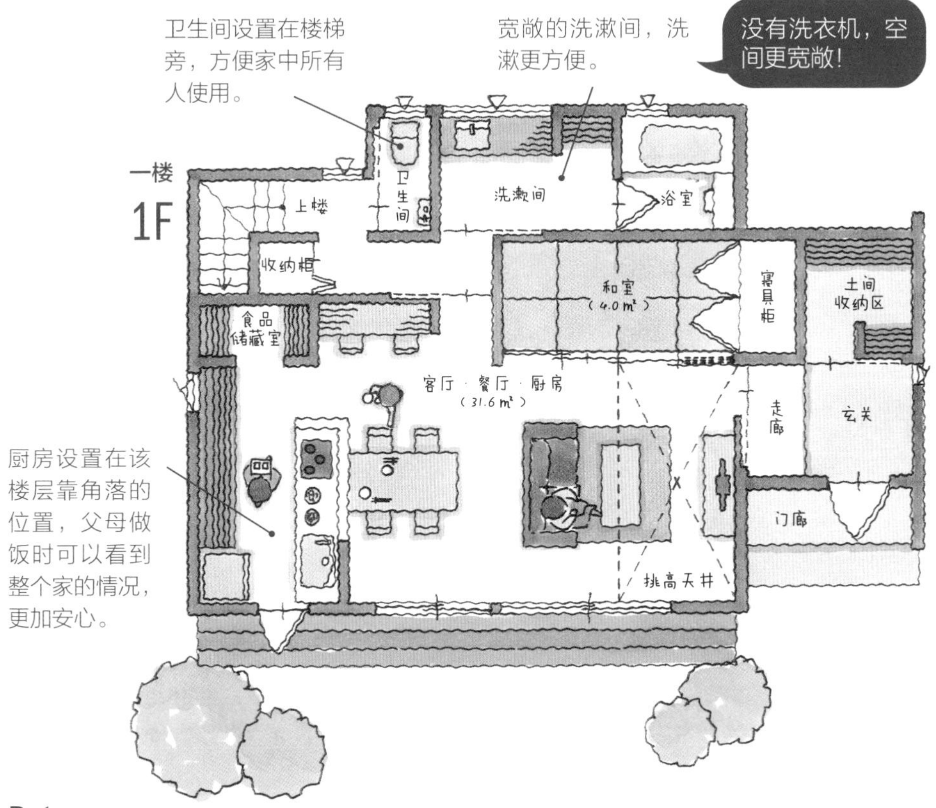

厨房设置在该楼层靠角落的位置，父母做饭时可以看到整个家的情况，更加安心。

Data

夫妻二人+三个孩子（0岁 ·3岁 ·6岁）

使用面积……1F：67.1㎡ | 2F：47.2㎡

北原家有三个孩子，夫妇二人秉持宽容的教育理念，“对我们而言，最重要的就是孩子们都可以健康有活力。如果他们还能够养成最基本的生活上的好习惯，不给别人添麻烦，那就更好了”。

最令北原夫妇苦恼的，就是每天只要不提醒，孩子们回家之后就不会主动去洗手。为了解决他们的烦恼，设计师在新家的玄关旁设置了一处洗脸台。这个设计的巧妙之处在于，孩子们进入玄关，在土间收纳区将鞋子、玩具放好之后，自然而然地就会走到这个能够洗手、漱口的区域。“因为这个洗脸台是他们进家门后一定会经过的区域，所以不用我提醒，他们自动就会去洗漱了。在之前的那个家里，要洗手得穿过客厅走到洗漱间去，搬到新家之后就不用那么麻烦了。”从玄关也可以直接进入客厅。“有客人来访时走的就是这条路线。因为客人不会经过土间收纳区，那边乱一点儿也无所谓，我也能轻松些。”

搬到新家之后，孩子们的另一个变化也让北原夫人感到惊讶，那就是他们养成了“用完后立即收拾”的习惯。客厅的一角是一个小高台，孩子们平时就在那里玩耍。高台下面是抽屉式的收纳柜，孩子们玩儿完玩具之后，会习惯性地拉出榻榻米下面的抽屉，把玩具放进去。

“使用场所与收纳场所合二为一真的是一个很棒的设计。我还没来得及给大抽屉设计分区，孩子们就已经先养成了‘整理’的好习惯。”

能养成洗手、整理好习惯的魔法住宅格局

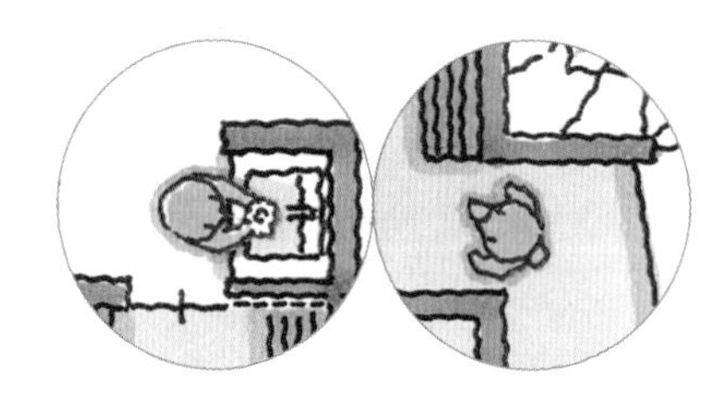

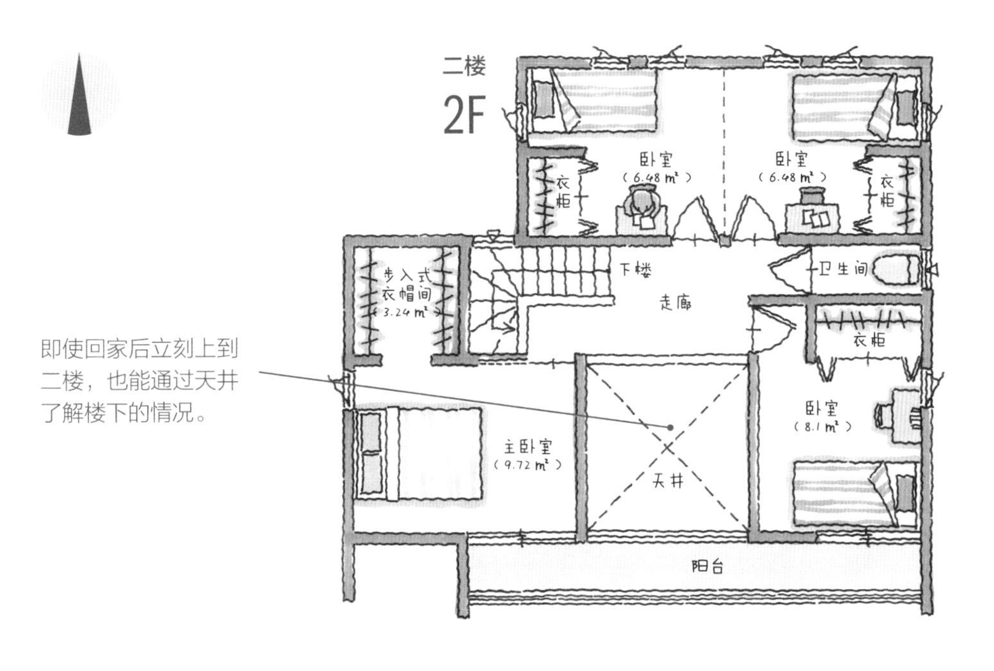

即使回家后立刻上到二楼，也能通过天井了解楼下的情况。

全家人的外套、背包都收纳在这里。

客厅的一角是一处铺着榻榻米的小高台。榻榻米下面是收纳柜，有效地利用了空间。

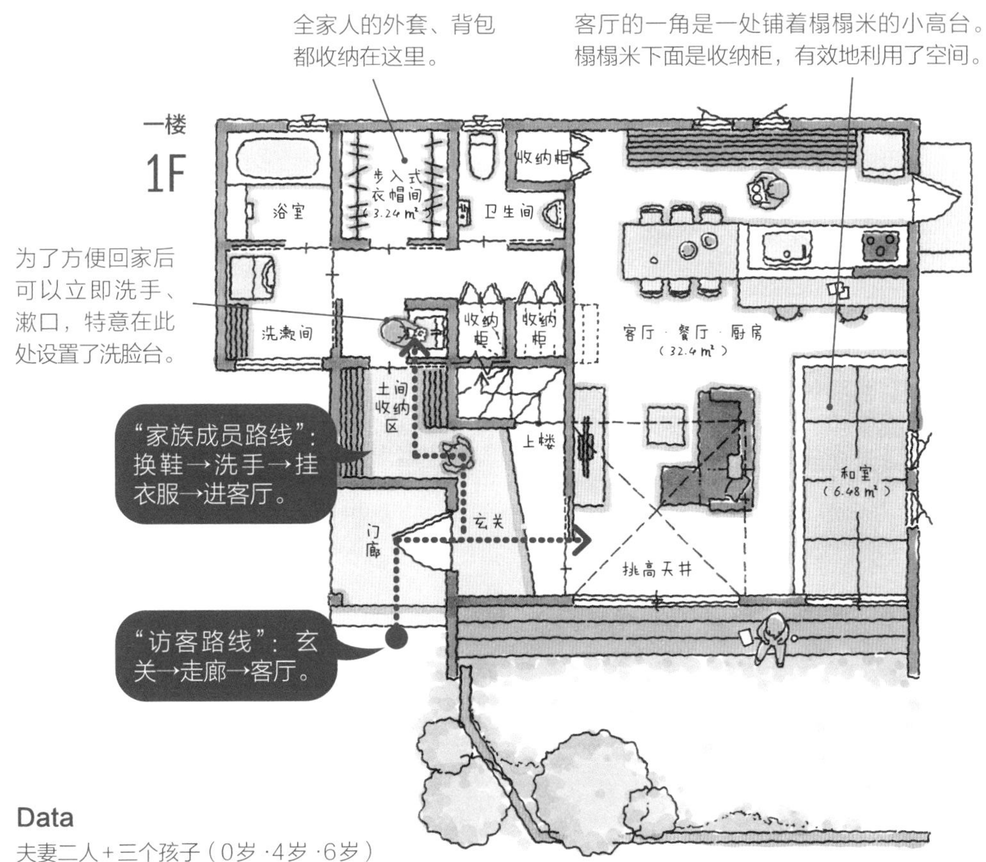

为了方便回家后可以立即洗手、漱口，特意在此处设置了洗脸台。

“家族成员路线”：换鞋→洗手→挂衣服→进客厅。

“访客路线”：玄关→走廊→客厅。

Data

夫妻二人+三个孩子（0岁·4岁·6岁）

使用面积……1F：69.6㎡ | 2F：51.3㎡

佐佐木夫人很不擅长收纳整理，之前的家中总是堆满了衣服和各种杂物。“我一直就在想，建新家的时候必须扩大收纳区的面积，要把所有的东西都放进收纳柜里！”

但设计师却表示：“其实家中并不需要那么大的收纳区域。”佐佐木夫人最初很是讶异。“设计师说我并非不擅长收纳整理，可能只是家中的格局不便于整理，我这才恍然大悟。”她表示：“在之前的家中，一想到要把用完的各种杂物一样样拿到各个不同的房间收好，就觉得麻烦极了，懒得收拾。孩子们回家之后，放下书包去洗手、漱口，然后换上居家服……，我把家人的行为模式像这样写下来之后，才发现很多地方都没有设置收纳东西的区域。”

在佐佐木一家的新家中，所有的日常生活动线上都设置了相应的收纳区域。佐佐木夫人最喜欢的一处，就是洗漱间与客厅之间的过道式衣帽间。“把居家服放在这里，回家之后换衣服就很方便。脱下来的脏衣服也可以马上丢到旁边的洗衣机里，客厅里再也不会出现脏袜子了。”

玄关、楼梯下方、和室等地也都设置有收纳柜，如此一来，客厅就可以长期维持干净整洁。佐佐木夫人开心又满意，“只需要确定好各种物品的收纳位置，家里就可以一直这么干净，真是太棒了”！

维持家中整洁的小技巧：在日常动线上设置收纳柜

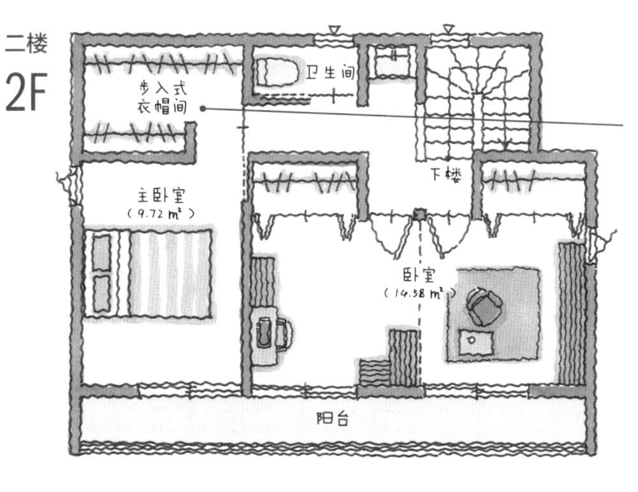

约4.8㎡大小的步入式衣帽间。虽然位于主卧室内，但与走廊相通，所以可全家共用。

位于洗漱区与厨房之间的过道式衣帽间。

既是走廊又是衣帽间，非常适合小户型！

夫妇二人的鞋子加起来超过50双，全部都可以收纳在这里。玄关从此不再乱糟糟的全是鞋子。

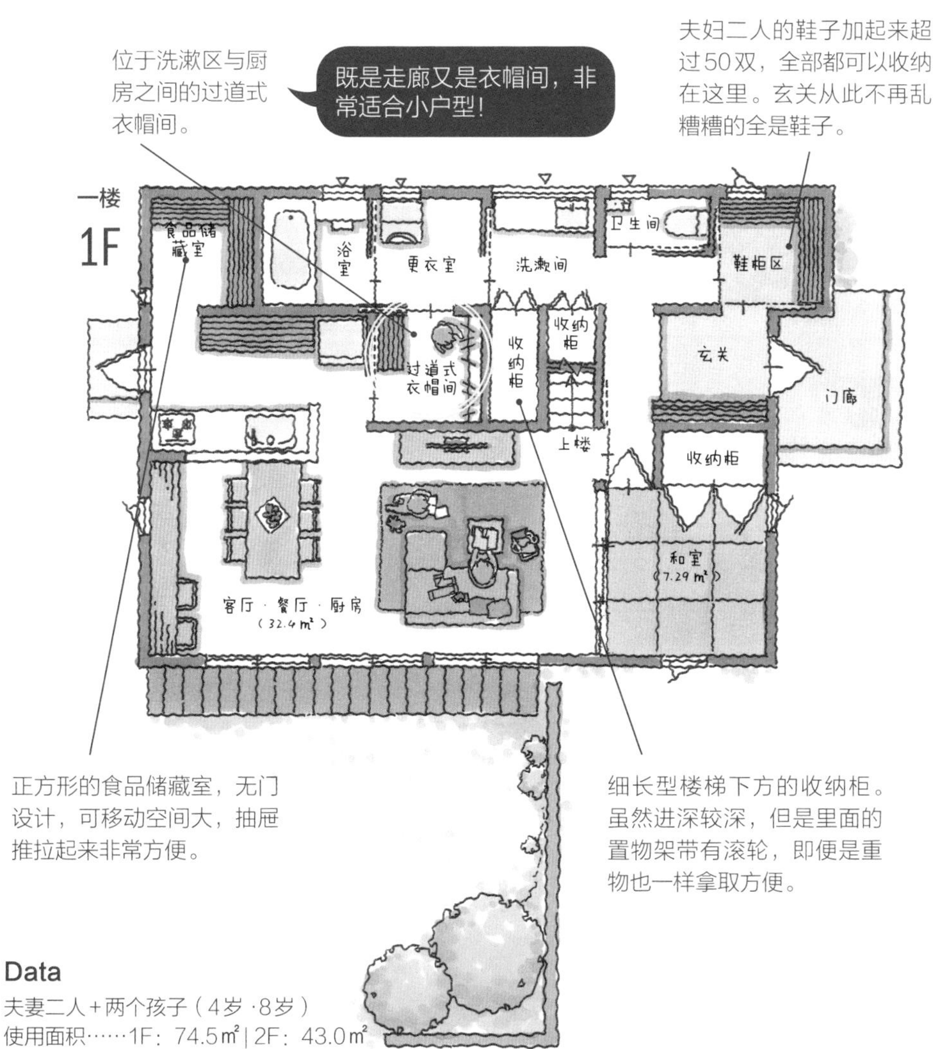

正方形的食品储藏室，无门设计，可移动空间大，抽屉推拉起来非常方便。

细长型楼梯下方的收纳柜。虽然进深较深，但是里面的置物架带有滚轮，即便是重物也一样拿取方便。

Data

夫妻二人＋两个孩子（4岁·8岁）

使用面积……1F：74.5㎡ | 2F：43.0㎡

河野先生喜欢大大的浴缸，他的梦想就是可以在家中感受到泡温泉的氛围。“这块宅基地的南面是一大片农田，农田的那一边是青山。我一想到泡澡的时候能欣赏到这样悠然的田园风光该是何等乐事，就立即把它买了下来。”

为了实现河野先生的愿望，设计师将浴室设置在了住宅的南侧。浴缸虽然是正常的大小，但设计师在浴缸头部位置开了一扇窗，人躺在浴缸中，一转头刚好可以看到窗外的风景。“泡澡时看着窗外的风景，就能够感受到时间的变化与季节的变迁。打开窗户之后，就有了露天浴池的感觉，一不小心就会沉迷其中，泡上很长时间。”

洗澡前脱衣服的更衣室紧连着晾衣处，晾衣处有宽宽的屋檐。“家里是我负责洗衣服。清晨起床后，将脱下来的睡衣放进洗衣机，按下启动按钮。泡完澡之后，衣服正好洗完，出门晾衣服还能顺带纳个凉，也是非常舒服。”

此外，洗漱区·卧室与客厅·餐厅·厨房完全分隔开，这一点也令河野先生非常满意。从卧室到洗漱区无需经过客厅，洗完澡之后直接就可以进入就寝模式。“多亏了这个格局设计，孩子们能够严格遵守入睡时间，没有人再会把湿毛巾扔在客厅里，大大减少了洗衣服和收拾家的工作量。”

面南而建的开放性浴室

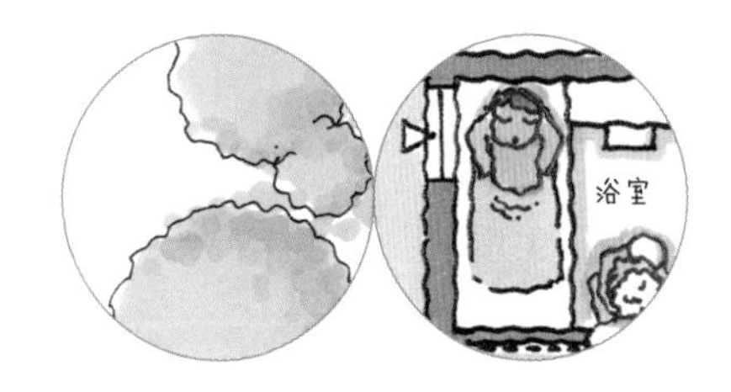

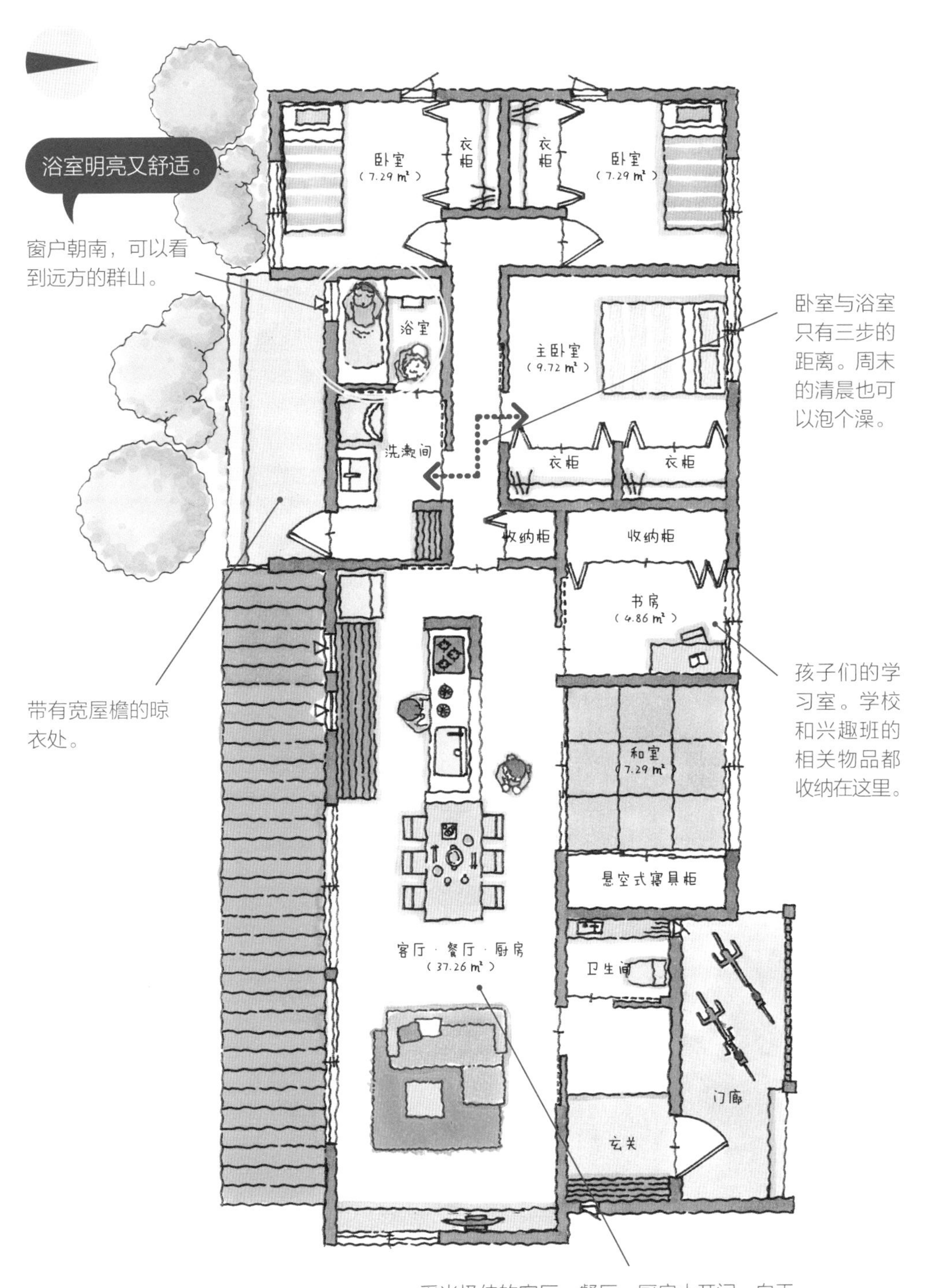

Data

夫妻二人＋两个孩子（5岁·7岁）

使用面积……110.13㎡

泽田夫妇二人都在医疗行业工作。“工作日的晚上，我是在室内开着除湿机晾衣服。周末就会拿到院子里去晾，但是又有一点儿担心会被邻居看到家里的隐私。”泽田夫人在社交媒体上也经常搜索“室内晾衣、住宅格局”等关键词，发现“阳光房”非常符合她的需求。“有了阳光房之后，就可以随时晾衣服了，也不用担心会被别人看到。如果房间内还有熨衣服的空间，那就更理想了。”

设计师根据泽田夫人的需求，在一楼设置了一间阳光房。阳光房的隔壁是洗漱间和浴室，可以在最短的距离内完成洗衣服的工作。室外露台的外圈有围栏遮挡外界的视线。“房间内阳光充足，任何时候都可以晾晒衣服，家务变轻松了，心情也变轻松了。”

雨天、夜间皆可晾晒衣物的阳光房

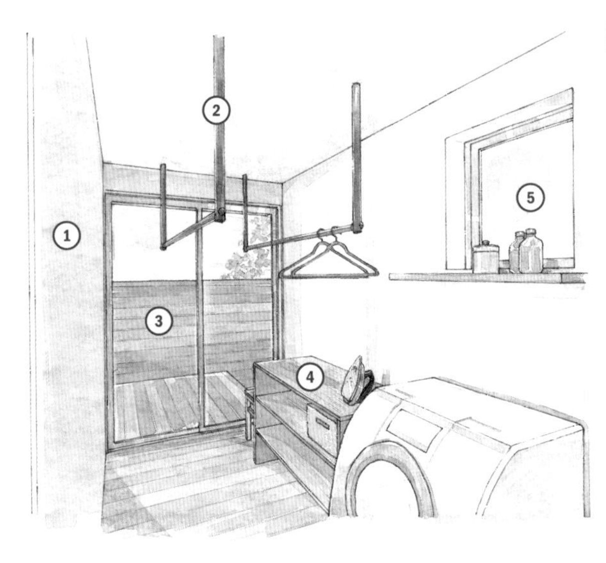

住宅区内的楼间距较小，在室内晾衣服才更安心

① 阳光房约4.86㎡大小。
② 晾衣竿可以取下。取下后室内显得更加宽敞。
③ 室外露台带有围栏，可以保护家庭隐私。
④ 房间内有一个矮桌会更方便，可以用来熨衣服或临时放置东西。
⑤ 采光用的小窗。可以放一些装饰用的小摆件。

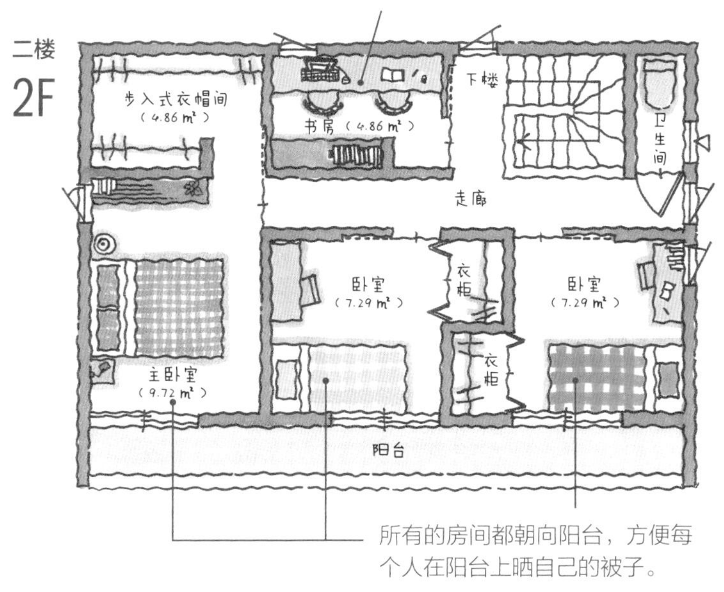

所有的房间都朝向阳台，方便每个人在阳台上晒自己的被子。

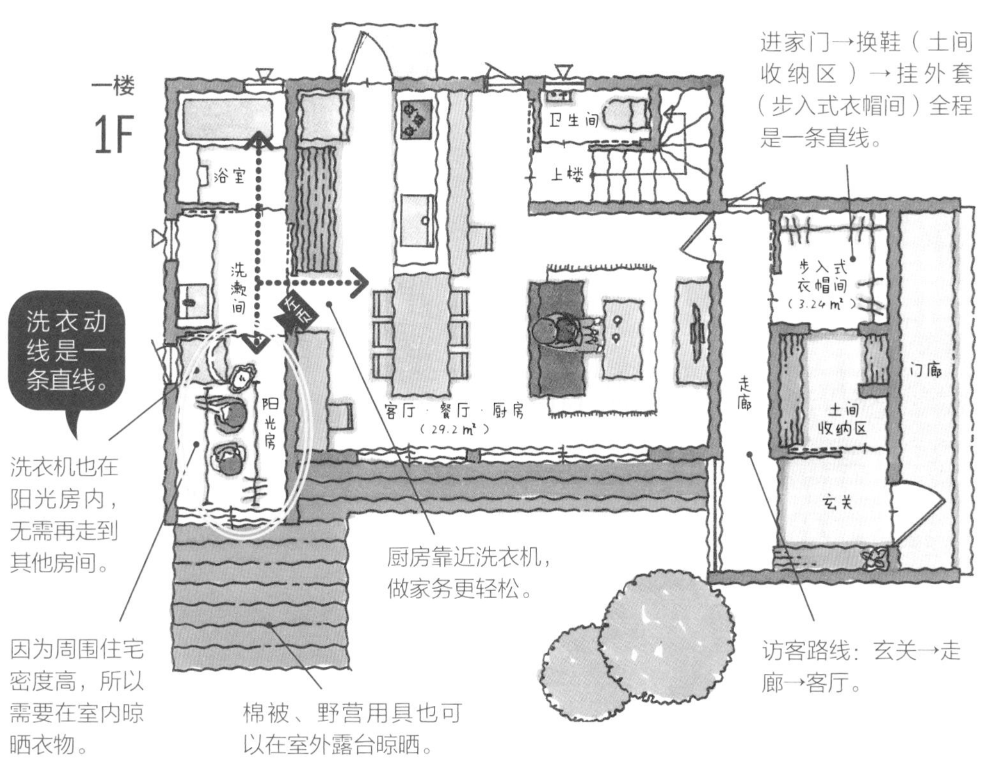

进家门→换鞋（土间收纳区）→挂外套（步入式衣帽间）全程是一条直线。

洗衣动线是一条直线。

洗衣机也在阳光房内，无需再走到其他房间。

厨房靠近洗衣机，做家务更轻松。

访客路线：玄关→走廊→客厅。

因为周围住宅密度高，所以需要在室内晾晒衣物。

棉被、野营用具也可以在室外露台晾晒。

Data

夫妻二人+两个孩子（4岁 · 10岁）

使用面积……1F：61.3㎡ | 2F：49.7㎡

和田夫妇二人都是上班族，两个双胞胎女儿正在读小学。由于周一到周五全家人早上七点要一起出门，所以就需要排队刷牙、洗脸，每个人在洗漱时都会有一丝压力。“所以新家的洗漱区一定要好好规划设计。我和丈夫一致决定：即便造价较高，也要安装两个洗脸池。”

双洗脸池的洗脸台要比单洗脸池的贵10万日元左右，但考虑到孩子们长大后的情况，和田夫妇果断选择了双洗脸池的设计。洗脸镜也选择的是两米宽的大尺寸镜面。“多亏了双洗脸池的设计，每天早晨的时光才能过得这样舒服。不用排队之后，能节省约10分钟的洗漱时间。大镜面设计也使得洗漱间整体都显得亮堂堂的。”

新家的卫生间也是两处。“客人来访时，可以使用客厅隔壁的卫生间。搬家后，全家人都有了令人欣喜的改变：每个人日常都开始注意保持整个家的干净、整洁，女儿们还会在房间内摆一些花做装饰。”

住宅的南半侧是客厅·餐厅·厨房，采光极佳。和室约7.29㎡大小，虽为榻榻米地面，但与其他房间的木地板地面无高度差，无割裂感。“全家人在客厅里都有自己喜欢的位置，我的爱人喜欢坐在沙发上，我则常常在厨房里，大女儿总是在和室里玩耍，小女儿常常在窗边画画。新家的住宅格局真的太适合我们了，全家人聚在一起其乐融融，互不干扰，父母安心，孩子开心。”

解决清晨洗漱拥堵的好方法：双卫生间、双洗脸池设计

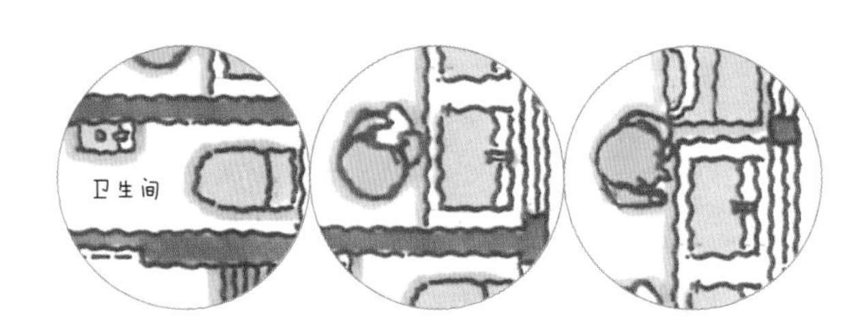

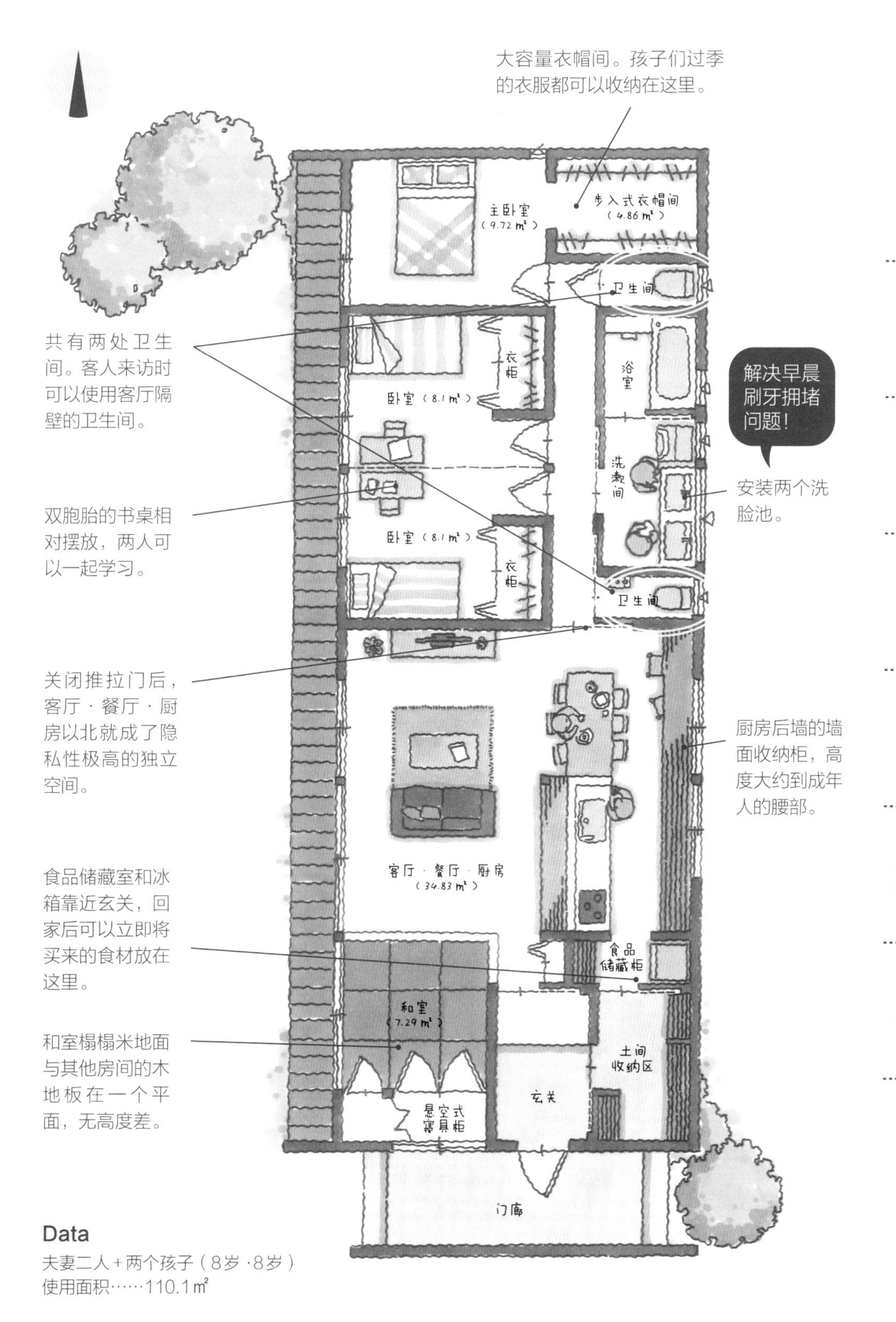

大容量衣帽间。孩子们过季的衣服都可以收纳在这里。
主卧室
（9.72㎡）
步入式衣帽间
（4.86㎡）
卫生间
共有两处卫生间。客人来访时可以使用客厅隔壁的卫生间。
衣柜
浴室
解决早晨刷牙拥堵问题！
卧室（8.1㎡）
洗漱间
安装两个洗脸池。
双胞胎的书桌相对摆放，两人可以一起学习。
卧室（8.1㎡）
衣柜
卫生间
关闭推拉门后，客厅·餐厅·厨房以北就成了隐私性极高的独立空间。
厨房后墙的墙面收纳柜，高度大约到成年人的腰部。
客厅·餐厅·厨房
（34.83㎡）
食品储藏室和冰箱靠近玄关，回家后可以立即将买来的食材放在这里。
食品储藏柜
和室
（7.29㎡）
和室榻榻米地面与其他房间的木地板在一个平面，无高度差。
土间收纳区
玄关
悬空式寝具柜
门廊
Data
夫妻二人＋两个孩子（8岁·8岁）
使用面积……110.1㎡

洗漱区 场景抓拍

下雨天也能安心晾晒衣物的阳光房

女主人终于拥有了期待已久的阳光房，在任何时间、任何天气都可以晾晒衣物。阳光房的地板是黑白双色的马赛克瓷砖，拼贴出一朵朵小花的图案。整体环境氛围温馨、舒适，即使长时间待在这里也不会无聊。

洗漱区呈直线排布，家务超轻松

想要减轻家务负担，设计格局时就必须遵守一个原则：将洗漱区的各个房间呈直线排布。照片中最靠近镜头的是洗漱间，后面连着洗衣机、叠衣服的区域，最后面是庭院（晾衣处），这样就能够在最短的距离内完成各种家务工作。

两台洗脸池解决刷牙高峰拥堵现象

如果一家人上班、上学的时间比较集中，每天早晨洗漱、刷牙时就会产生“拥堵”，造成生活中的“小压力”。只要安装两台洗脸池，就可以完美解决这个烦恼！

母女专属的梳妆区

除了全家人共用的洗脸台外，家中还设置了一处带有化妆灯的梳妆台。关闭推拉门，就表示“有人在化妆或换衣服！”

主人精心挑选的复古风设计

位于厨房旁边的洗漱间。与厨房之间虽有推拉门相隔，但大部分时间门都是打开的，可以从客厅看到屋内的情况，所以洗漱间的瓷砖、地板都是主人精心挑选的样式，将时尚风格贯彻到底！

放松之前先洗漱

主人回家之后马上就会回到卧室换家居服。换好衣服后一出门就是一个小型洗脸台，方便洗手、漱口。睡觉前还可以在这里刷牙，也非常方便。

上西先生是一名税务师，他理想中的生活就是每天可以被清晨的阳光唤醒。“我常听到有人说，起床后的三个小时是人一天中注意力最集中的时间段，而且如果是被清晨的阳光唤醒，则效果更佳。”

所以上西先生对于住宅格局设计的首要要求就是，清晨时卧室内要能够洒满阳光。设计师根据他的需求，提出了“U”字形设计方案。“U”字凹进去的部分是中庭，卧室坐北朝南，南侧与中庭相接。“太阳一点点升起来，屋子里也渐渐被阳光充满，眼睛用三十分钟左右的时间来慢慢适应室内的亮度，醒来的时候全身舒畅。”上西先生起床后会先到厨房冲一杯咖啡，再去主卧室内的小书房。“这段时间房间内又亮堂、又安静，是一天中最幸福的时刻。无论是工作还是读书，注意力都可以高度集中。”

上西夫人则更喜欢新家中通风良好的客厅 · 餐厅 · 厨房。“我早晨起床后的第一件事就是开窗通风，呼吸着新鲜空气，人也变得精神起来。”

厨房窗外还有宜人的风景。“我在厨房准备早餐或便当时，一抬头就可以看到中庭的风景。看到庭院里树叶轻摇，鸟儿嬉闹，心情也会一下子变得柔和、宁静起来。”上西夫妇的两个孩子马上也要分别去上幼儿园和小学，如今一家人开心地搬进新家，开始了新生活。

舒适卧室的设计方案：在清晨的阳光中睁开睡眼

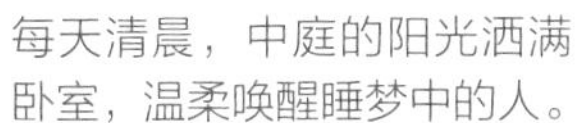

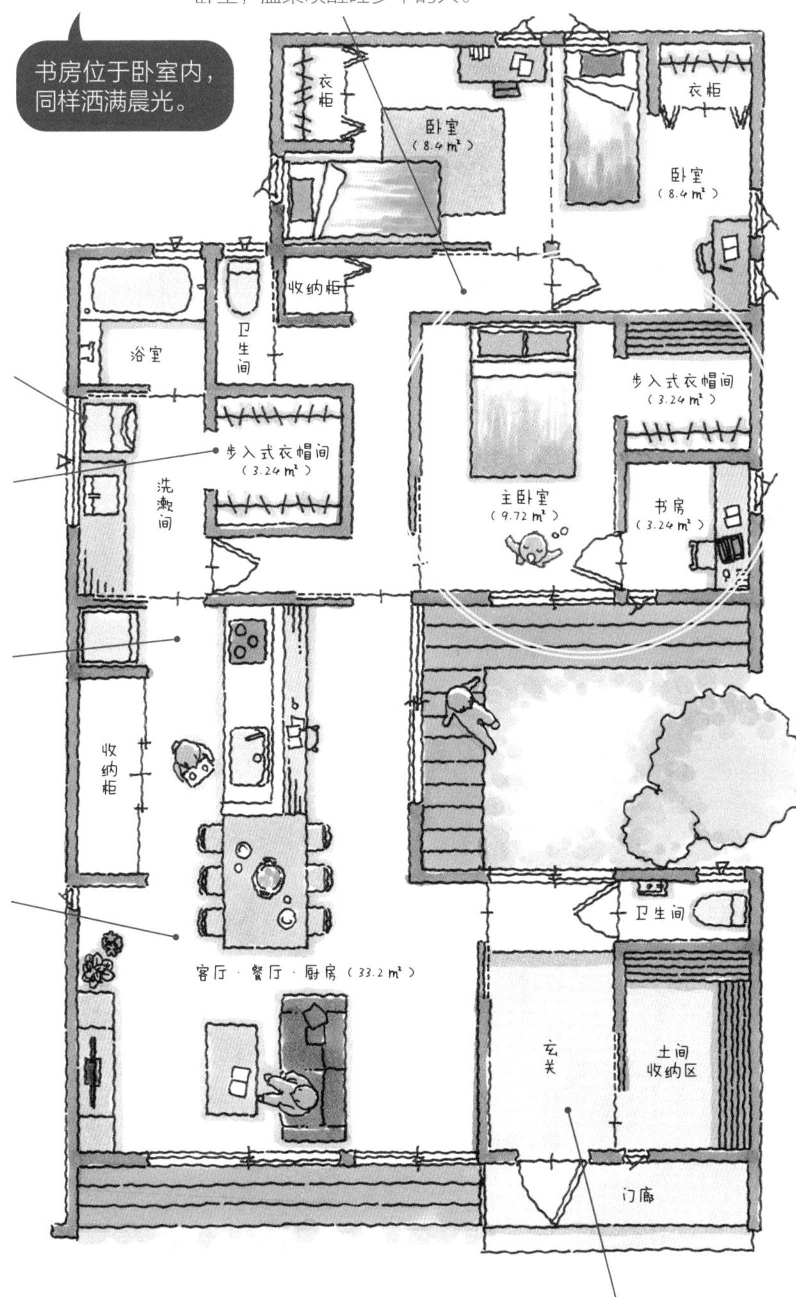

洗衣机+燃气烘干机。

烘干的衣服、毛巾可以马上叠好放进这个衣柜里。

洗漱区与厨房成直线排布，有效减轻家务负担。

客厅·餐厅·厨房的一面与中庭相邻，一面与室外露台相邻，采光极佳。

在玄关也可以看到中庭的好风景。

Data

夫妻二人+两个孩子（3岁·7岁）

使用面积……106.8㎡

川村夫人表示："我家在晴天的时候一定要晒被子。"为了鼓励孩子们可以自己晒自己的被子，设计师将全家人的卧室都安排在二楼的南侧，三个卧室共享一个长约10m的大阳台。川村夫人笑着说道："孩子们起床之后，打开门就可以把被子抱到阳台去晒，不用父母帮忙。卧室朝南，大家可以被清晨的阳光唤醒，非常舒服。住到目前为止，还没有发现什么问题。"

孩子们回家后，被子也晒得暄腾腾的了，父母可以借着请孩子们帮忙去阳台收被子和衣服的机会，和孩子们聊聊这一天发生的事。"面对面地坐下来聊天会显得有些拘束。在干家务活儿的时候顺势聊几句就很自然。在我家，阳台和厨房一样，都有很重要的地位。"

自己的被子自己晒：横跨三间卧室的超长阳台

所有卧室都朝南，且附带阳台

① 大女儿（10岁）的房间。

② 小儿子（8岁）的房间。姐弟二人的房间都有门和窗，现在两个房间是打通的，将来会隔成两间。

③ 孩子们的卧室有阳台，易于养成"自己的被子（衣服）自己晒"的好习惯。

④ 父母的卧室。

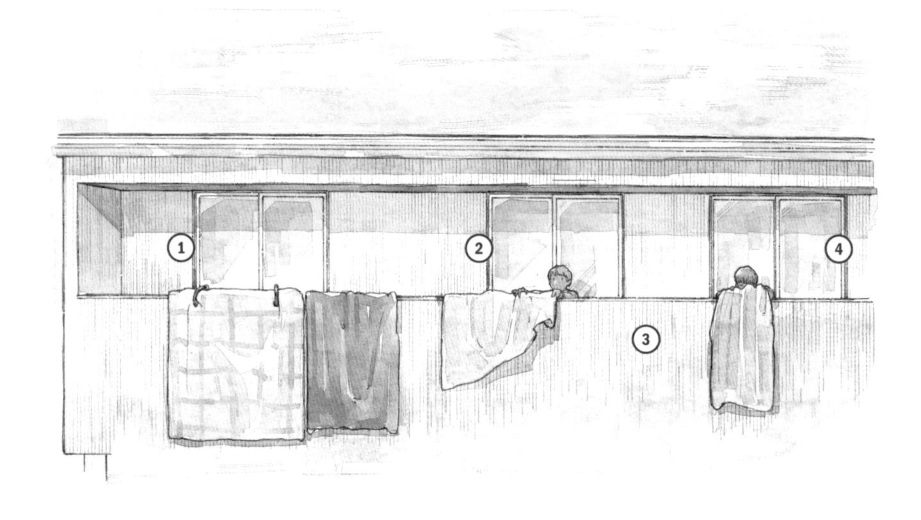

二楼北侧的玻璃窗只有走廊对面的这三处。既增添了建筑外观的美感，又可以保证家中的安全与隐私。

从每间卧室都可以进出阳台。

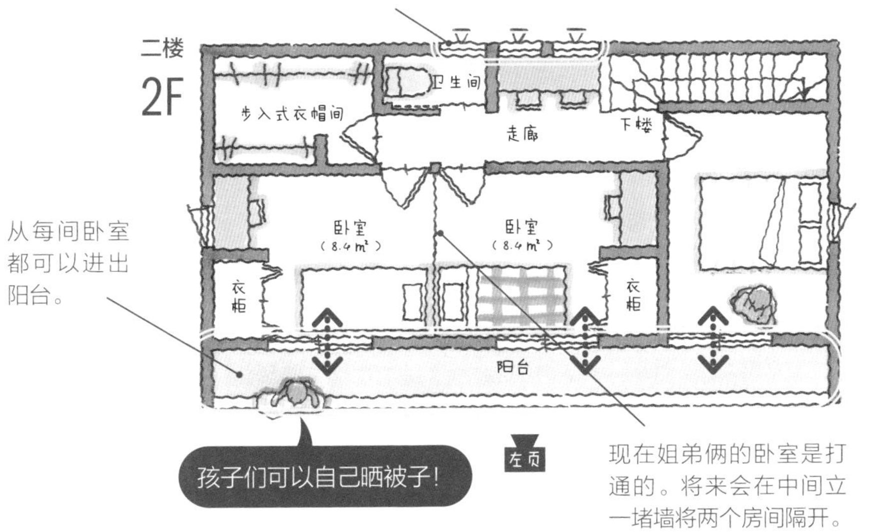

现在姐弟俩的卧室是打通的。将来会在中间立一堵墙将两个房间隔开。

厨房靠近洗漱区，有效减轻家务负担。

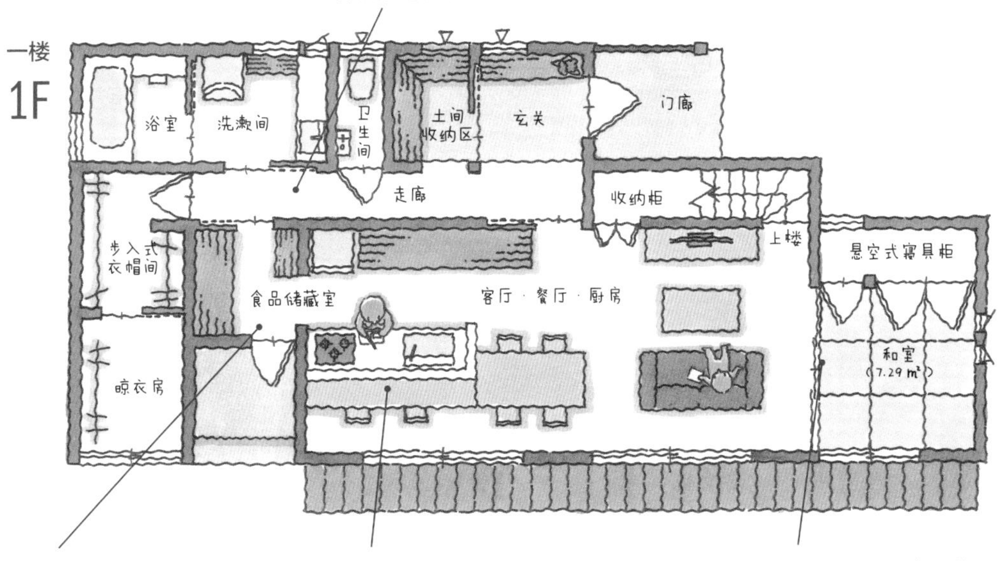

干货类食材、罐头食品、家庭常备药都存放在这里。

厨房料理台前的吧台也是孩子们写作业的地方。

平日里客厅与和室连为一体。有客人留宿和室时，关上房门就成了一间独立的客房。

Data

夫妻二人＋两个孩子（8岁・10岁）
使用面积……1F：75.4㎡ | 2F：45.5㎡

成田夫妇二人之前一直都睡的是双人床。成田先生表示："其实我更喜欢席地而睡。考虑到新家建好之后，我会在里面住三十年，所以特别希望能够安排一间有榻榻米的卧室。"

设计师依据成田先生的需求，设计了一间16.2㎡大小的卧室，卧室内有一个小高台，铺着榻榻米。丈夫可以在小高台上铺被褥睡觉，小高台旁边是妻子的双人床，二人相对而卧，视线正好处在同一高度。"两个人可以轻松、自然地躺着聊天。新家的卧室要比客厅更舒服，我常常在卧室看报纸、做拉伸运动等。可以说卧室已经成了我在家中的一个小窝。"

成田夫人也很喜欢新家的各种收纳柜。"每个卧室都做一个衣柜真的是太正确的决定了。大家可以自己收拾、清理自己房间的衣柜，大大减轻了我的家务负担。"

卧室里的东西合璧：丈夫的榻榻米与妻子的双人床

为注重睡眠质量的夫妇二人精心设计的卧室

① 细长窄窗。既可以确保通风，又可以避免室内太晒。

② 收纳能力超强的寝具柜。

③ 喜欢榻榻米的丈夫睡在这里。周末时可以在榻榻米上悠闲地度过一整天。

④ 妻子喜欢睡在床上。榻榻米小高台的高度恰好是双人床的高度。

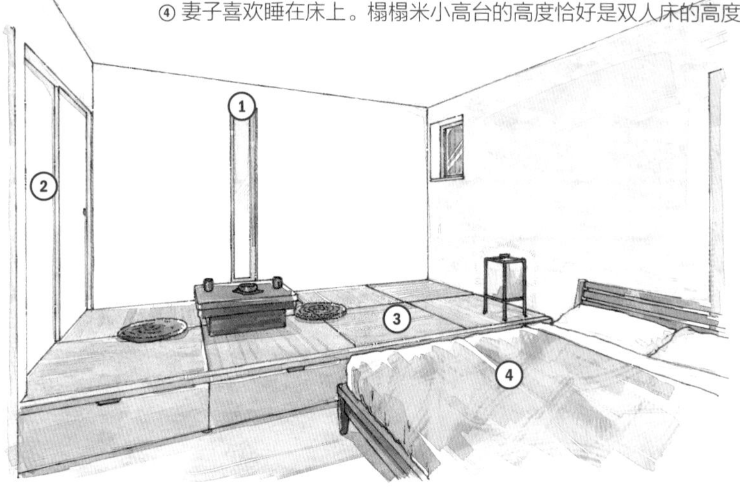

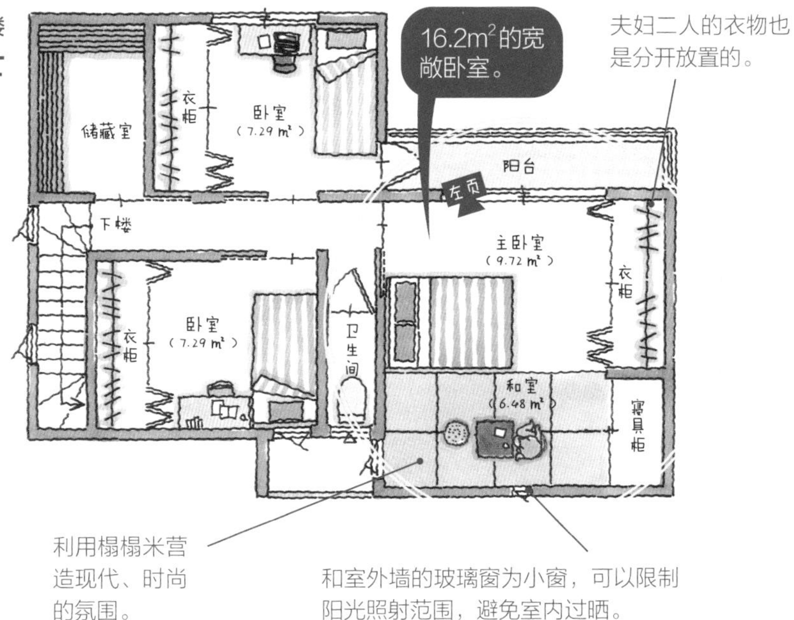

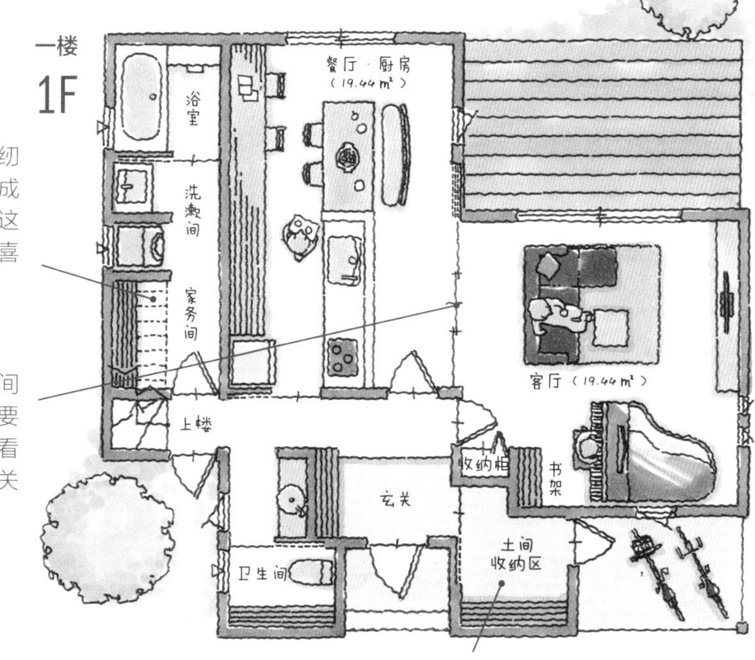

Data

夫妻二人+两个孩子（5岁·5岁）

使用面积……1F：66.2㎡ | 2F：55.5㎡

家务轻松
收纳方便
养育子女
时尚美观
舒适
节能

小松家的宅基地距离城市主干道极近，交通非常便利。男主人喜欢骑摩托车，平时也是骑车上下班，他希望新家能有一个放置自己两台爱车的车库。女主人则希望新家能有一处安静的庭院。“我们对设计师提了很多任性的要求，比如希望在屋子里也能看到摩托车；希望庭院的私密性高一些，外面的人看不到院内的情况，这样住起来更安心。”

设计师根据夫妇二人的要求，提出了数个方案。小松夫妇认为其中的“甜甜圈方案”最有趣。住宅呈“口”字形，最中间的部分是庭院，整体设计非常大胆前卫。“看到设计方案的时候，一想到其他人都没有见过设计如此独特的住宅，我就兴奋极了。而且新家同时满足了我们两个人的愿望，也令我们非常感动。”

小松一家已经搬进新家一年了。他们对自家的庭院非常满意，庭院在正中央，所以家中各处的采光和通风都很棒，还可以时时感受到窗外的绿意。没有屋顶的束缚，庭院里的小叶白蜡树可以自由地向着天空生长，形成一片美丽的树荫。“家里面居然有一处室外空间——我非常喜欢这种小小的不可思议感。”

摩托车车库在玄关隔壁。车库内墙有固定窗，方便从客厅·餐厅·厨房看到车库内的情形。“一般来说，周日的中午，我和孩子们会在和室的榻榻米上午睡，丈夫则会坐在沙发上喝着咖啡，看着他的摩托车。我真的是太喜欢这个家了，每个人在家里都非常舒服和开心。”

“甜甜圈式”住宅：在任何房间内都可以感受到外面的世界

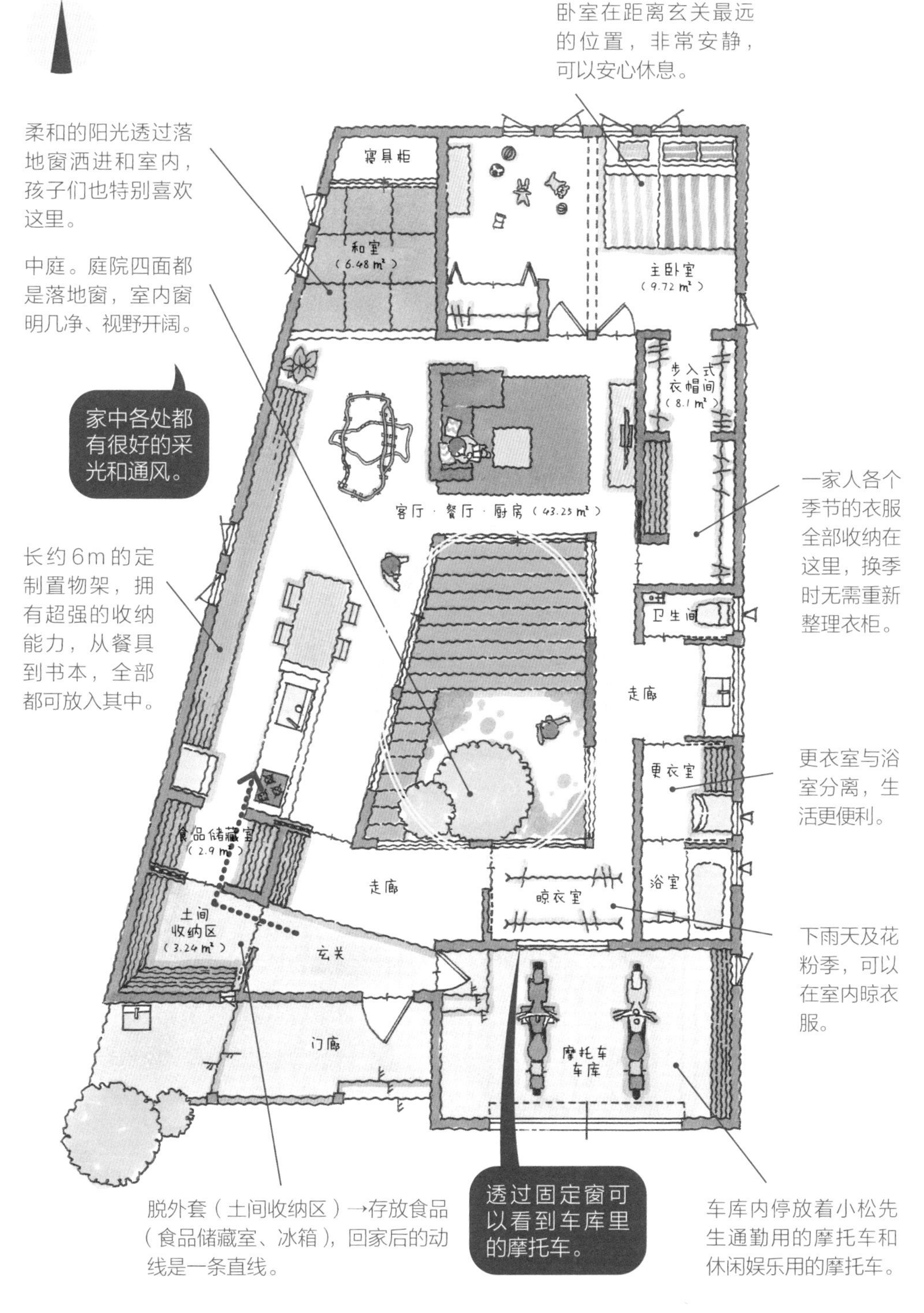

Data

夫妻二人+一个孩子（2岁）

使用面积……146.6㎡

安野夫人喜欢邀请亲朋好友来家中聚会，她梦想拥有一栋漂亮又舒适的住宅，能够令客人在临别时发出“下次还想再来你家”的感叹。“因为贷款，我们先买了宅基地。地皮是细长型的，想和设计师商讨一下，有没有什么方法能够令客人看到我家之后感受到一种令人愉悦的震撼感。”

设计师提出的方案，是在玄关大门的正对面设计一个中庭。客人开门进入玄关，第一眼看到的就是庭院风景，一定会忍不住惊叹，同时也会更加好奇自己接下来看到的房间会是什么样子的。檐廊的另一端是阳光充沛的客厅 · 餐厅 · 厨房，餐桌上摆放着主人刚做好的饭菜，这情景任谁看到都会称赞一句：“简直和餐厅一样啊！”

令所有访客都兴奋不已的超大落地窗玄关

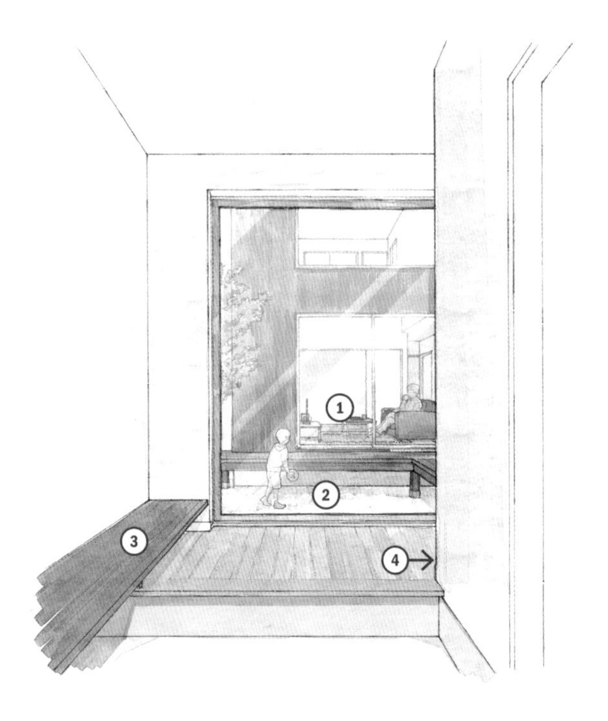

玄关让客人来访变成了一件快乐的事

① 中庭的另一端是客厅。

② 玄关的窗是固定窗，有两扇落地窗大小。在玄关可以看到庭院中绿叶摇曳的景色。

③ 客人可以坐在左侧的长凳上换鞋，随身的物品也可以放在长凳上，非常方便。

④ 庭院两面有檐廊，能够提升客人的期待感。

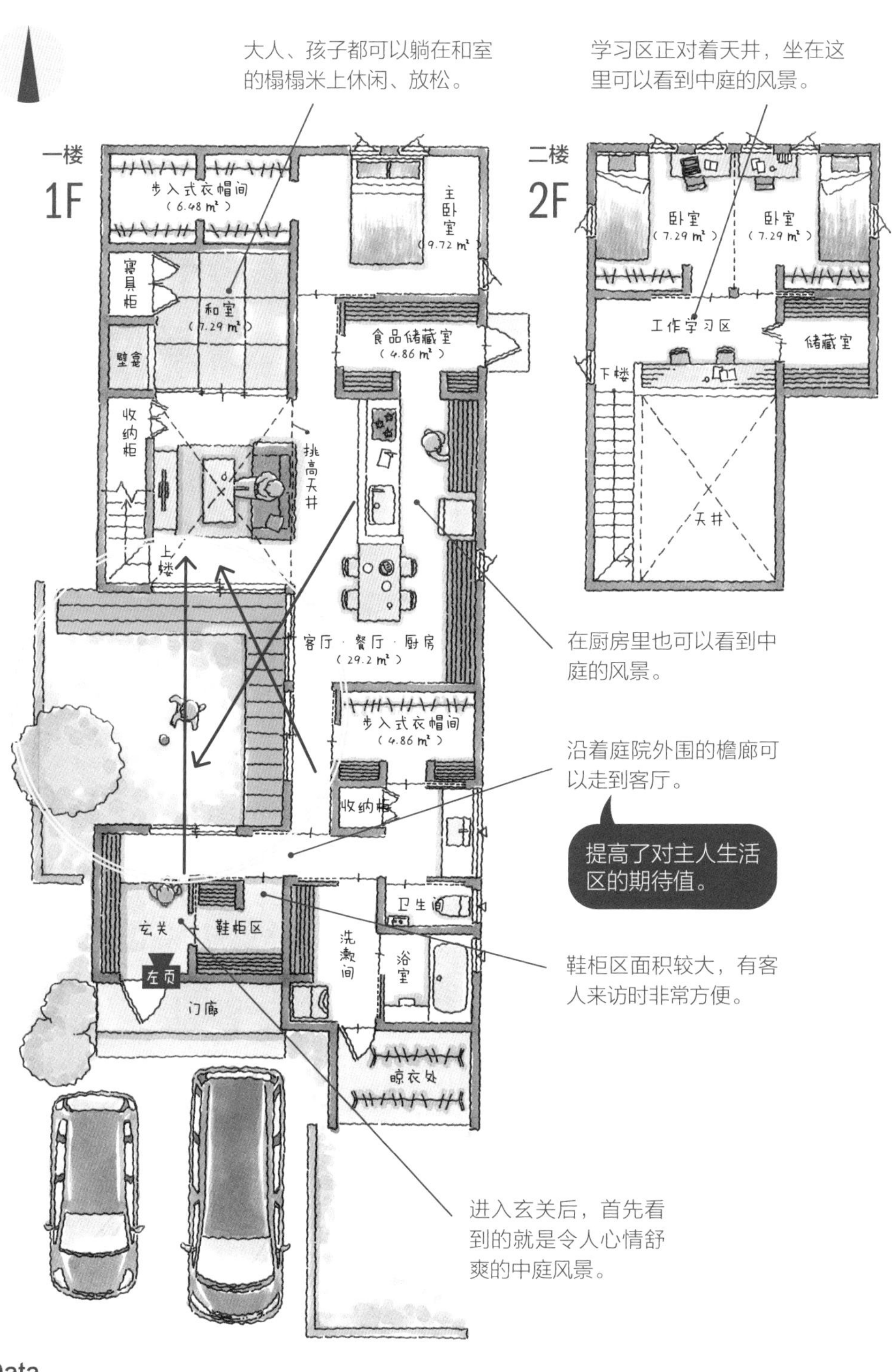

Data

夫妻二人+两个孩子（5岁·7岁）
使用面积……1F：99.4㎡ | 2F：28.2㎡

佐伯先生的爱好是骑公路自行车。检修自行车对于他而言是一项非常治愈身心的事情。但他之前只能在客厅里检修，总觉得有些不方便。

佐伯夫人则想要一间宽敞、采光好的客厅·餐厅·厨房。为了同时满足两个人的要求，设计师为这个家设计了一处宽敞的玄关，约6.5㎡大小。“新家的玄关约是之前的两倍大。虽然没能安排一间房间专门停放公路自行车，但我已经很满足了。”鞋子、雨伞等物品存放在土间收纳区。“摆弄自行车的时候周围没有障碍物，心情特别舒畅。”

客厅朝向庭院，采光极佳，佐伯夫人表示：“搬家后，会邀请朋友们来家中做客。”整栋住宅通风良好，住起来非常舒服。

约6.5m²大小的宽敞玄关：可以开心地检修公路自行车

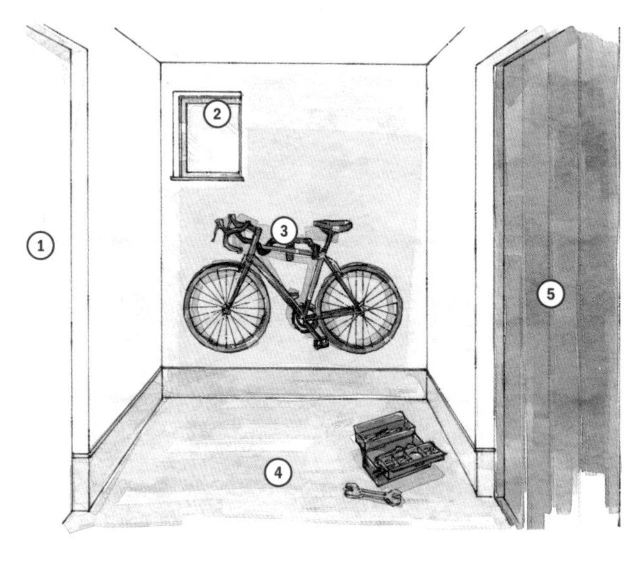

可以在家中自在地检修自行车

①2.43㎡大小的土间收纳区。鞋子和各种工具都可以存放在这里。

② 玄关的两面墙上各有一扇小窗，保证室内通风。

③ 墙面上安装有专用挂钩，可以将公路自行车挂在上面。

④ 储物间地面是水泥灰浆涂装，不容易有划痕，易于清扫，可以存放各种工具。

⑤ 玄关大门是木质的，营造出车库的感觉。

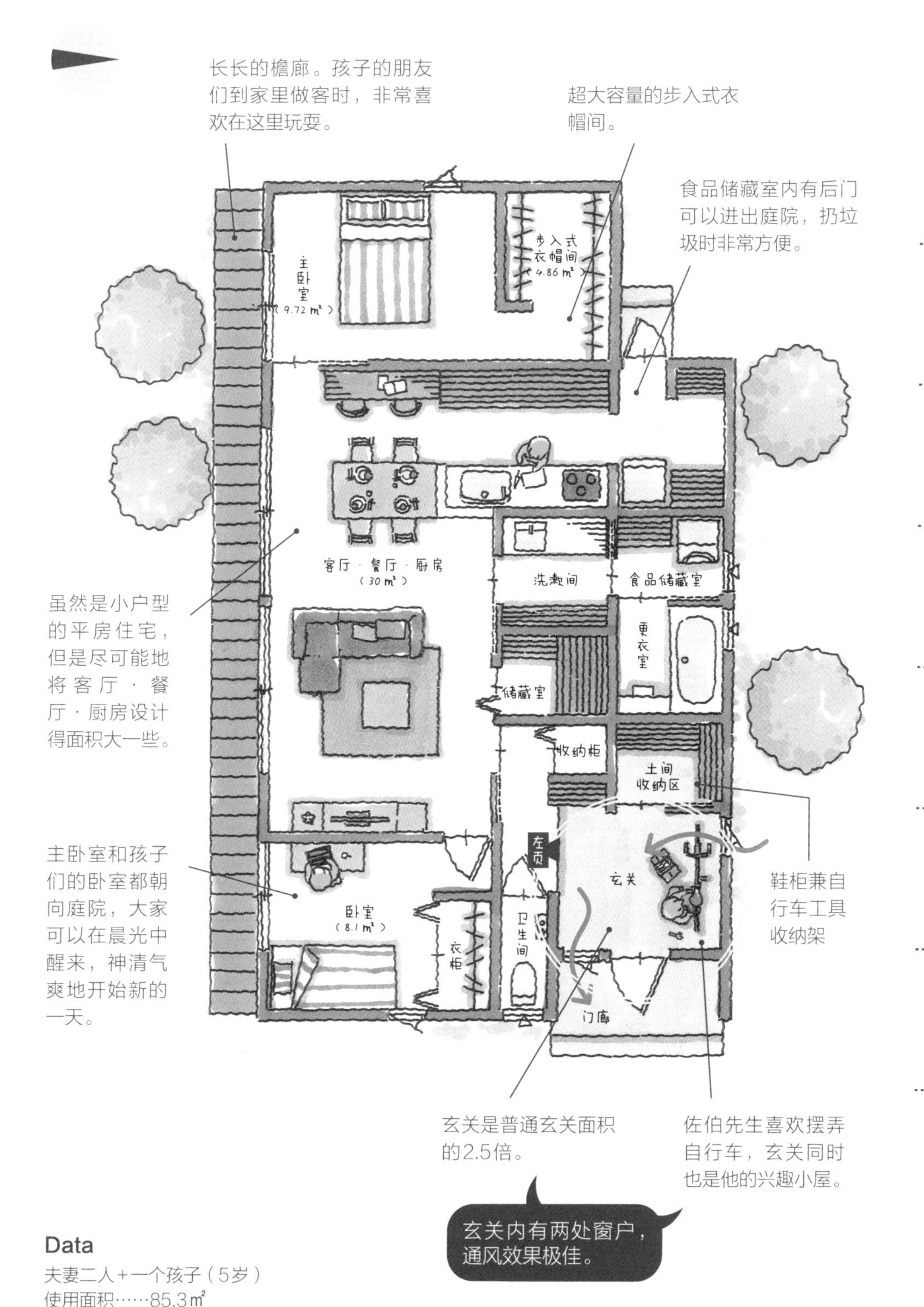

Data

夫妻二人+一个孩子（5岁）
使用面积……85.3㎡

上村家的孩子们正是调皮的年纪。“孩子们在家里也喜欢疯跑疯闹，所以我想给他们安排一间‘不怕弄脏的房间’。”

于是设计师将玄关全部设计成土间，面积不到8㎡，比较宽敞。玄关与客厅·餐厅·厨房地面的高度差也比较小，基本上就是一个大房间。“我做家务的时候也能看到玄关的情况。而且玄关地面不会有划痕，打扫起来也非常简单。孩子们可以在玄关玩儿一些材质柔软的球类，还可以搭帐篷。”

开放式的客厅·餐厅·厨房与玄关之间没有隔断，显得更加宽敞。“家里的通风很好。夏季时，清凉的风会从土间收纳区一侧吹进室内。家人从高温的室外进到家中，一下子就会感觉舒服极了。”

环保、易清扫的玄关兼做游戏区

土间玄关与客厅·餐厅·厨房连为一体

① 玄关宽敞又明亮，与客厅·餐厅·厨房之间没有隔断。

② 清凉、简约的土间式玄关，即便弄脏了，打扫起来也很容易。

③ 台阶刚好可以充当坐具，人多的时候也方便就座。

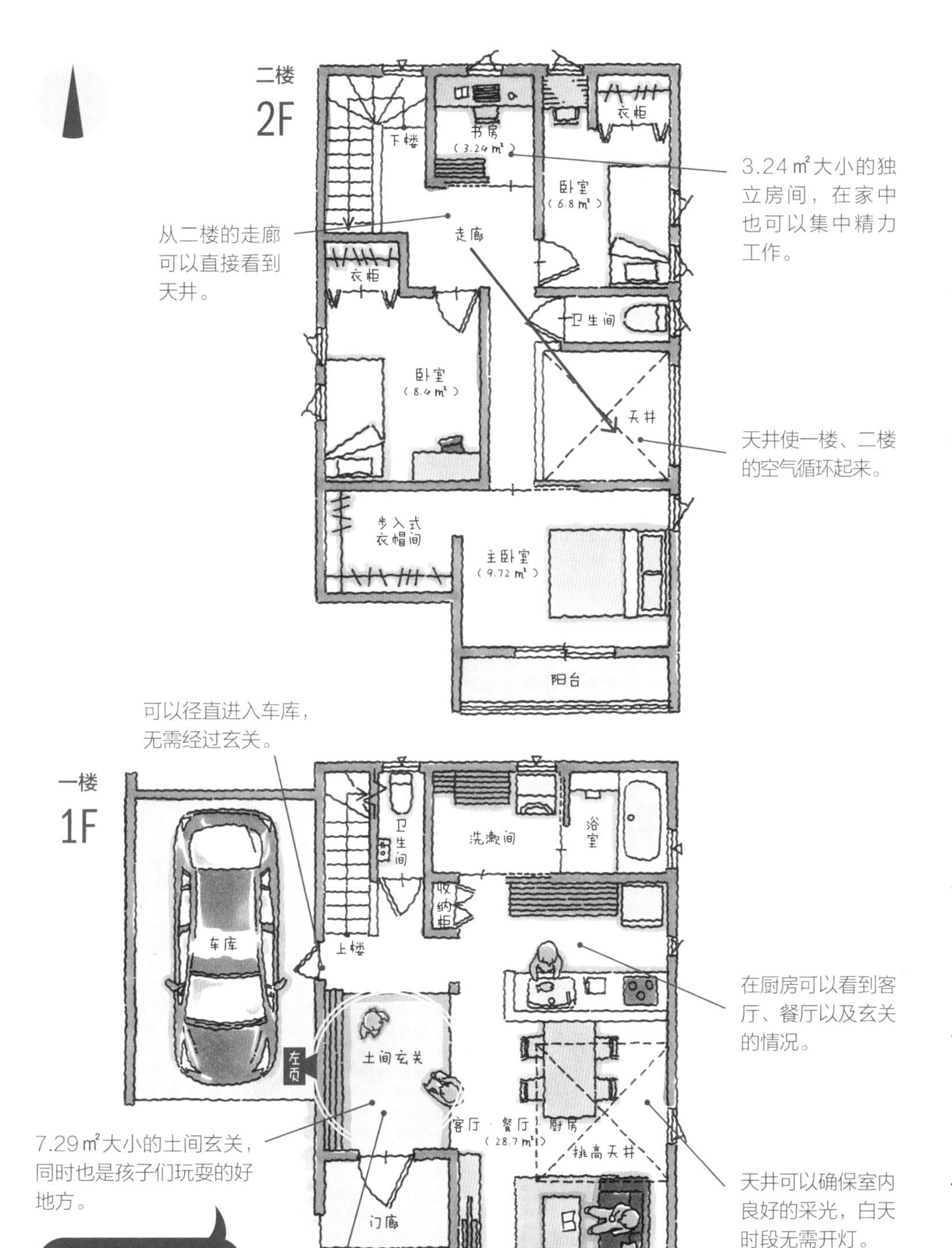

Data

夫妻二人+两个孩子（6岁·7岁）

使用面积……1F：47.6㎡ | 2F：45.8㎡

坂本夫人在一家大型企业工作，每天都非常忙碌。为了方便家人上班、上学，她和丈夫购买了一处临街的宅基地，距离车站很近，人流量也很大。宅基地一面临街，其余三面被邻家住宅环绕，坂本夫人对设计师提出的要求是“住宅私密性好，能够保护家庭隐私”。

她考虑最多的，就是客厅应该怎样设计，“我理想中的客厅要能够令全家人安心地放松身心。既要阻挡外界的视线，又要具有开阔感，人在其中不感到压抑和拘束”。设计师依据她的需求，提议在客厅外设置室外露台，既能够增强室内的开阔感，又可以很好地保护住户的隐私。室外露台地面与客厅 · 餐厅 · 厨房的地面之间没有高度差，仿佛就是一个宽敞的大房间。室外露台不与室内相接的两面立有围墙，可以完全阻隔街道行人的视线。“室外露台感觉就像是守护在客厅一角的小庭院一样。我可以坐在沙发上仰望天空，舒服又奢侈。客厅的整体效果远超我的想象。”

坂本夫人对于玄关的格局也有要求，“家里常常会来很多客人，比如送孩子去兴趣班时结识的其他妈妈，或是来分享一些食物、特产的邻居们，虽然我看到她们很高兴，但其实有时候也不想把她们带到客厅去”。所以，设计师增大了玄关的面积，还在玄关内设置了一条长凳。“有了坐的地方之后，有些客人在玄关简单聊上几句就离开了，不需要把她们带到客厅里。客厅里只会出现自己的家人，住起来更加放松，也更加安心。”

设计精巧的室外露台与玄关：牢牢守护全家隐私

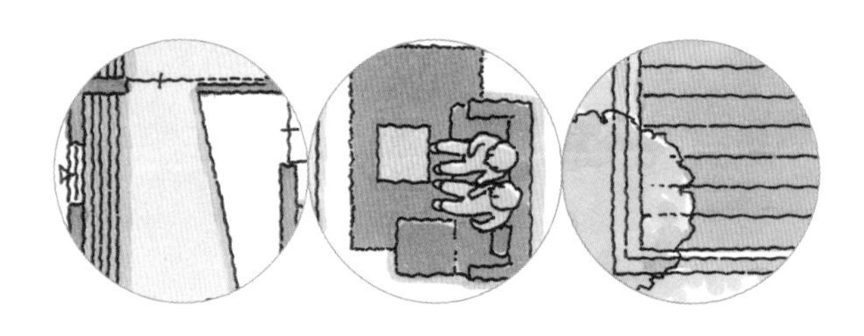

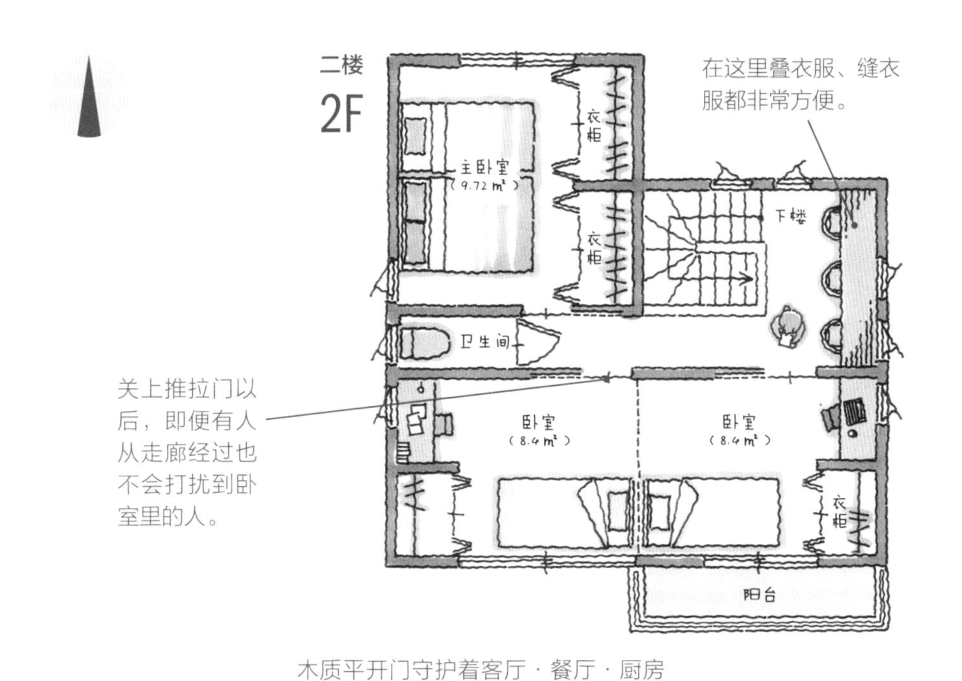

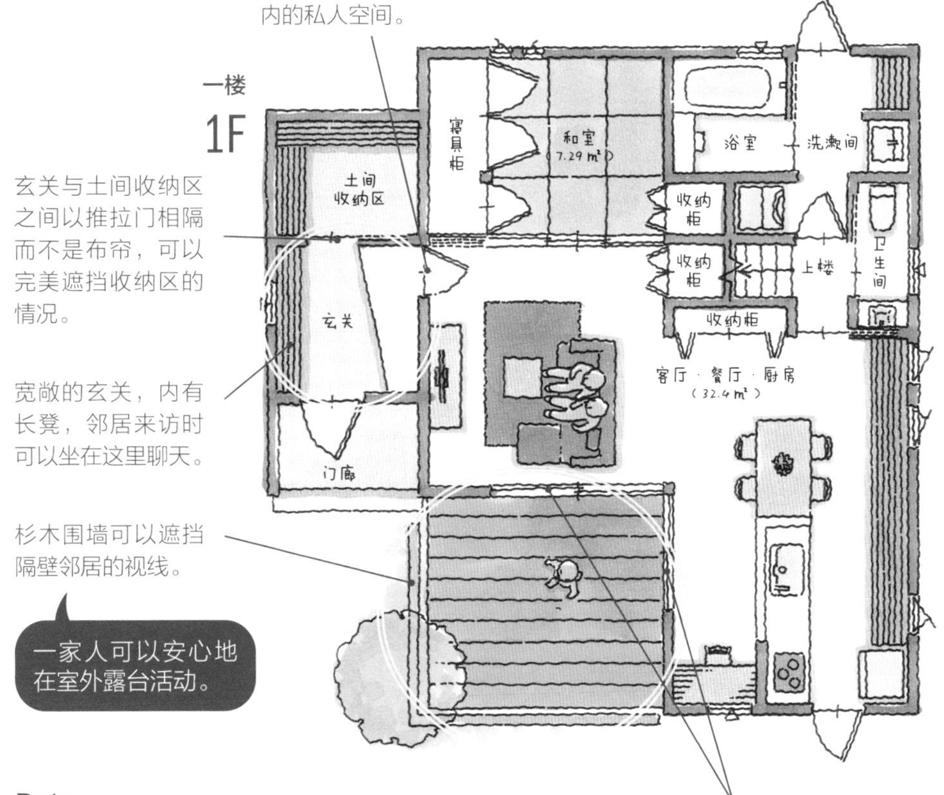

Data

夫妻二人+两个孩子（3岁·6岁）
使用面积……1F：67.3㎡ | 2F：46.4㎡

家务轻松 收纳方便 养育子女 时尚美观 舒适 节能

玄关 场景抓拍

开阔、宽敞的土间玄关

土间玄关位于客厅·餐厅·厨房与楼梯之间，宽敞又开阔。整个一楼就是一个大开间，确保各个区域都能拥有极佳的采光与通风。

玄关有长凳，出门更方便

只需在玄关设置一条长凳，穿鞋脱鞋、检查随身物品都会变得非常轻松，出门更加方便。对于有孩子、老人的家庭而言，这个设计尤为便利。

视觉上拉近室内与家门距离的玄关设计

回家的人打开家门进入玄关，就可以透过玻璃窗看到客厅·餐厅·厨房内的情况，这样的设计不仅在视觉上拉近了室内与门口的距离，一句“我回来了”，一句“欢迎回家”，也让整个家显得更加温馨与安定。

专为喜爱鞋子的家庭设计的鞋柜

全家四口人都是鞋子爱好者，对于新家的首要要求就是要有一个装饰性强的鞋柜。鞋柜的搁板与墙面同为黑色，简约时尚，深受一家人的喜爱。

将公路自行车挂在墙上

男主人心爱的公路自行车，每一个零部件都是他精心挑选过的。平时还可以作为装饰品挂在玄关的墙壁上。宽敞的土间玄关内还有一条长凳，男主人可以坐在这里检修自行车。

带有拱门的小屋

玄关旁隔出了一间约3.24㎡大小的小屋，用来收纳外套、背包、野营用具等。小屋的入口设计成拱门的形状，兼具实用性与装饰性。

裕先生爱好乐器，已经弹了很多年的吉他，最近又开始吹小号，他希望自己随时都可以在家中练习，不用担心会打扰到家人和邻居。妻子弘子女士也很赞成这一想法，“他读书的时候就一直在吹笛子，我希望搬到新家之后，他可以重拾这个爱好”。他们终于有机会建造自己的房子了。虽然门窗、墙壁这类基本配备要花费不少预算，两个人还是决定在家中建一间隔音室。

夫妻二人和设计师就隔音室的位置问题进行了多次的商讨。设计师也提出了很多方案，如在居住区旁另建一间房间作为隔音室，将隔音室设置在视野开阔、风景佳的二楼等。最终二人决定将隔音室建在客厅的隔壁。

“我梦想着有一天能够和孩子们一起演奏乐器。如果在客厅隔壁有一间音乐房，孩子们就可以在日常生活中近距离地感受音乐的魅力了。”隔音室内除隔音设施之外，还有许多地方都体现了设计的巧思，如为了方便演奏各种乐器，隔音室内设置有两处插座；地板上铺了软垫，既可以保护乐器，又方便清扫。

家中的厨房也是依据二人的要求设计的，厨房地面低于其他房间的地面，方便在厨房工作的人和客厅、餐厅的家人有视线交流。“如果能够看到对方的表情，那聊起天来就更容易。我很感谢设计师为我家设计的格局，它让我们一家拥有了更多交流沟通的时间。”

承载梦想的隔音室：
任何时间都可以练习乐器

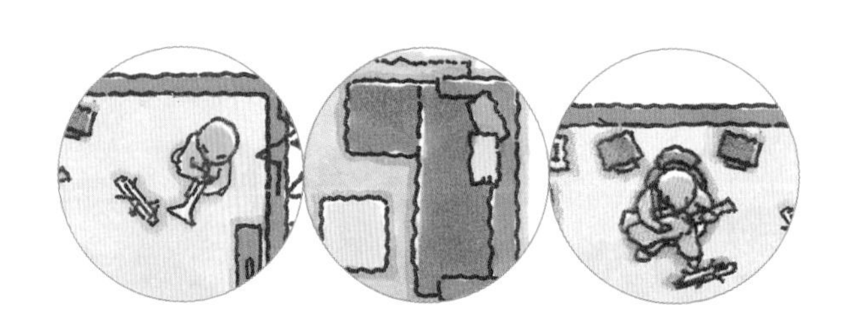

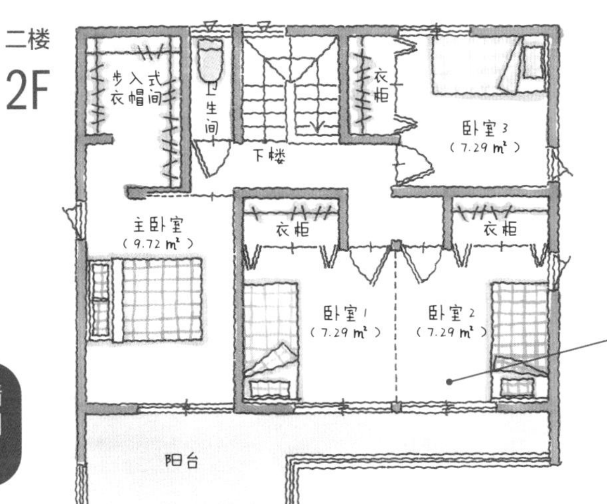

孩子们可以从自己的卧室直接进入阳台，方便他们自己晒被子。

门、窗、墙壁都是特制的规格。

9.72 ㎡的隔音室放得下一整套架子鼓。

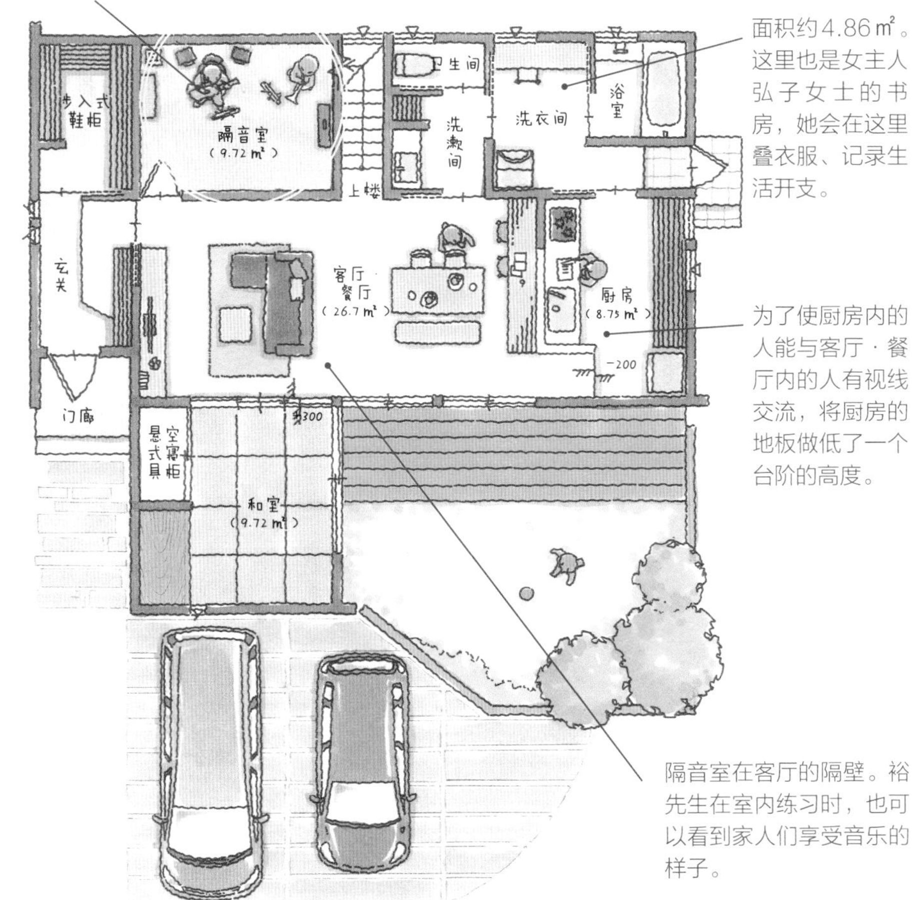

面积约4.86 ㎡。这里也是女主人弘子女士的书房，她会在这里叠衣服、记录生活开支。

为了使厨房内的人能与客厅·餐厅内的人有视线交流，将厨房的地板做低了一个台阶的高度。

隔音室在客厅的隔壁。裕先生在室内练习时，也可以看到家人们享受音乐的样子。

Data

夫妻二人＋三个孩子（0岁·4岁·6岁）

使用面积……1F：86.8 ㎡ | 2F：52.2 ㎡

家务轻松

收纳方便

养育子女

时尚美观

舒适

节能

因为喜欢咖啡，谷川夫人卖起了咖啡豆。她梦想着有一天能够开一间咖啡厅，于是决定先建一栋自己的房子。

客厅、餐厅、厨房均在一楼，其中客厅没有铺木地板。“将来咖啡厅营业，客人们可以直接穿着鞋走进客厅，不用再脱鞋、换鞋。”厨房吧台贴着绿色的瓷砖，颜色既柔和又不乏个性。

二楼则完全是私人空间。楼梯旁就是小客厅，小客厅的南北两端分别是孩子的卧室和夫妻俩的卧室。由于屋顶是三角形的，所以孩子卧室的天花板是斜面的。无论是近观还是远眺，谷川家的三角形屋顶都非常醒目，成了这个家的标志。“我希望将来邻居们一想要喝咖啡，就会说‘我们去那家三角屋顶的咖啡厅吧’。”

期待将兴趣变为工作：咖啡爱好者的家

尽情享受有咖啡陪伴的生活

① 窗外是绿树成荫的街道。客厅内有大落地窗，视野佳，风景好。

② 厨房的吧台比标准略宽，方便摆放各种咖啡豆和磨豆机。

③ 绿色瓷砖是磨砂材质，颜色略有些不均匀反而更显品位。

④ 吧台后面是带推拉门的墙面收纳柜，可以很好地隐藏生活气息。

⑤ 灰色的墙纸使整个空间体现出成熟的气息。

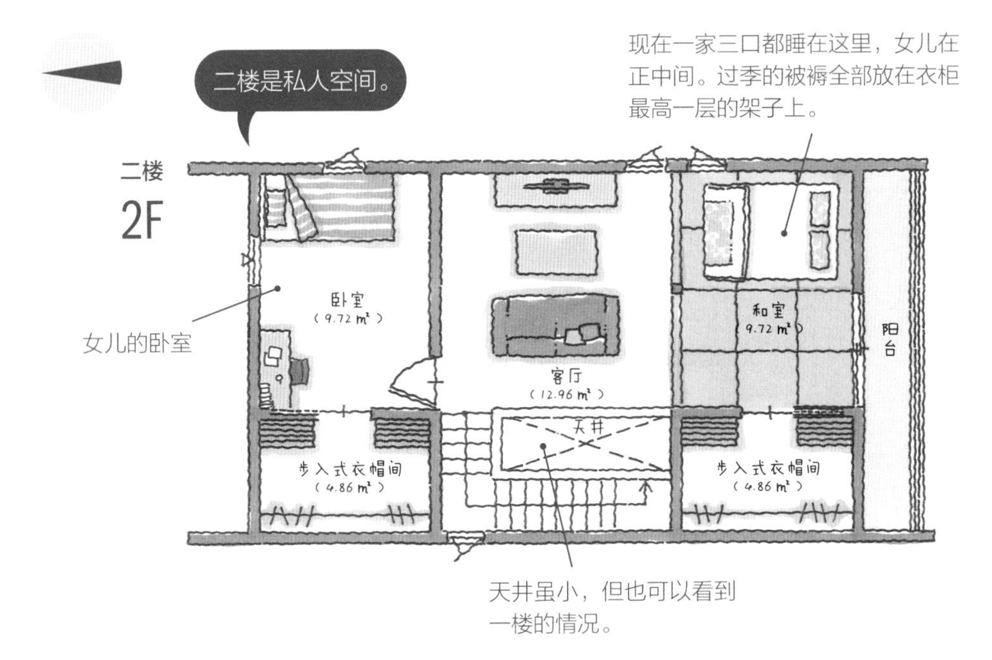

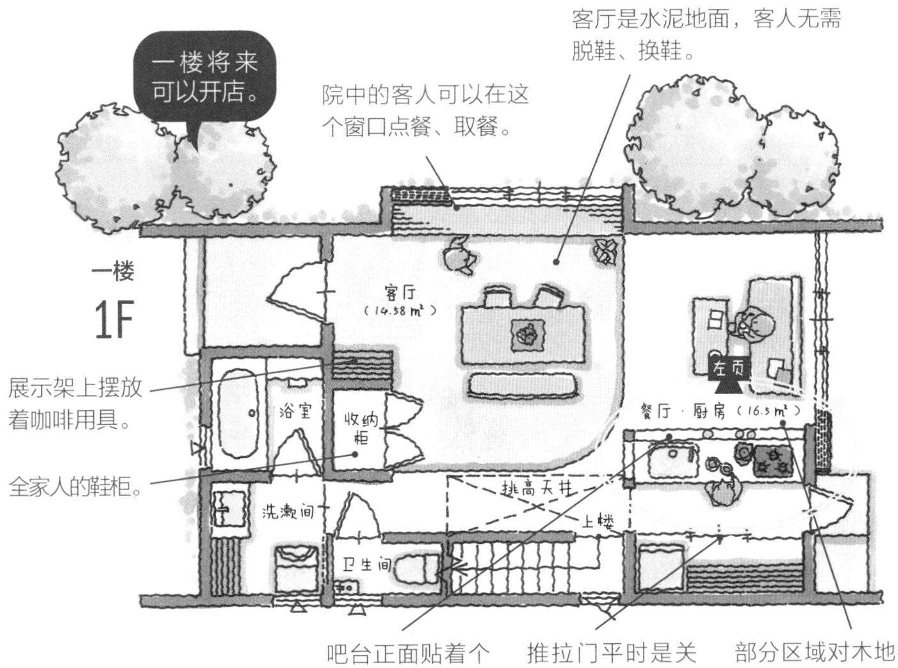

Data

夫妻二人+一个孩子（4岁）

使用面积……1F：48.0㎡ | 2F：47.2㎡

筒井夫妇二人喜爱收集现代艺术品，他们希望能够用这些收藏品装饰家中每一处生活空间，而不是单纯地将它们摆放在专门的展示区域。

夫妇二人最想要的就是一个画廊，于是设计师将画廊设置在一楼客厅 · 餐厅 · 厨房的旁边。画廊区域的地面比周围的房间低一个台阶左右的高度，利用可移动式立柱隔出一个半独立的空间，人可以从玄关直接进入画廊。“朋友到家里做客时，我会开心地带着他们从画廊这条路线进入客厅。”

楼梯下方和厨房后墙都安装了开放式的收纳架，摆放着艺术品摆件和古董餐具，使藏品完美融入了日常生活。“我们提前向设计师展示了家中的藏品。他在设计的时候充分考虑到了这些藏品的尺寸以及风格，无论是住宅格局还是内部装潢都非常符合我们的期待。”

与多年来收集到的艺术品、陶器一同生活

在精心设计的画廊中欣赏艺术藏品

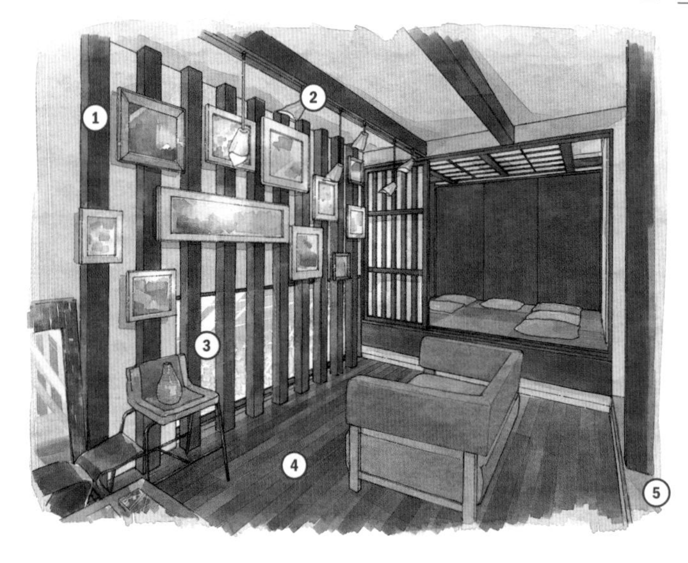

① 可移动式立柱，可以根据展示作品的尺寸调整立柱间距。

② 灯光的位置及朝向可以改变。

③ 窗户的位置不高于成年人的腰部，避免人在赏画时被阳光直射眼睛。

④ 画廊的木地板选用了硬度较高的木材，方便人直接穿着鞋从玄关进入画廊。

⑤ 台阶之上是家中的客厅 · 餐厅 · 厨房。推拉门关闭之后可以将两个房间完全隔开。

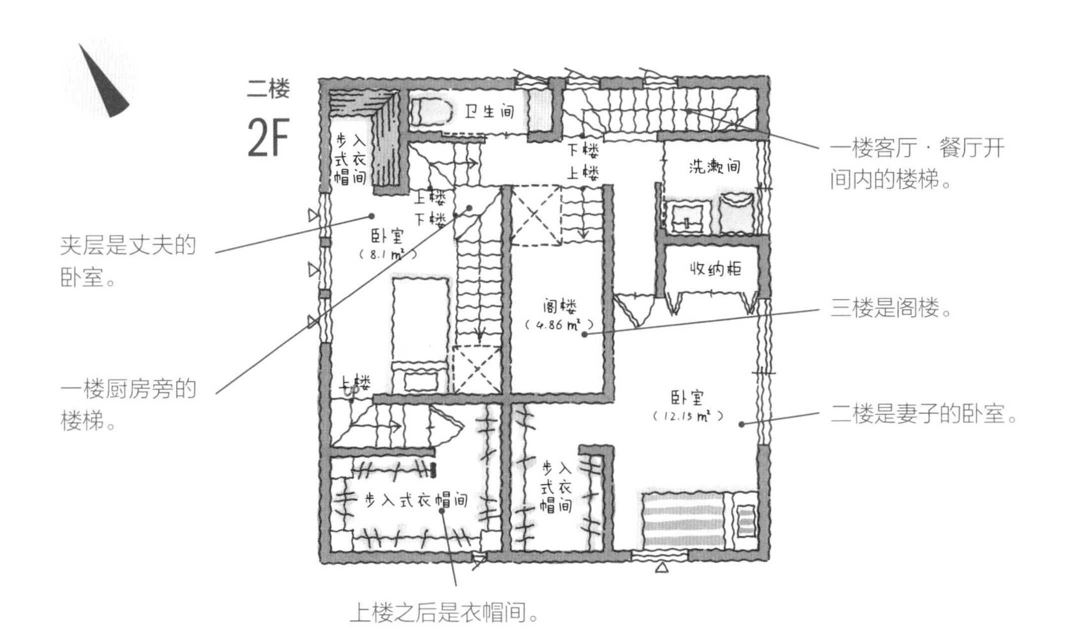

上楼之后是衣帽间。

父母生活的区域。区域内配备有完整的洗漱区，走廊较宽，如果父母将来坐轮椅，出行也很方便。

一楼

1F

食品储藏室（4㎡）

卫生间

狗窝

上楼

浴室

卫生间

楼梯下方收纳架

客厅·餐厅·厨房（24.3㎡）

洗漱间

卧室（9.8㎡）

厨房（8.1㎡）

上楼

走廊

厨房（10㎡）

衣柜

衣柜

左右

玄关

卧室（9.72㎡）

收纳柜

和室（7.29㎡）

收纳柜

门廊

楼梯下的开放式收纳架上摆放着陶器等立体艺术品。

推拉门及灯具使用的和纸均出自名家之手。

画廊。画廊地面比其他房间低一个台阶左右的高度，整体氛围宁静、柔和。

父母与子女共用一个玄关。

可移动式立柱，方便射灯打光，呈现更佳的展示效果。

Data

夫妻二人+父母

使用面积……1F：116.1㎡ | 2F：61.7㎡

和田夫人是一位肚皮舞老师，她的梦想就是开一间自己的舞蹈教室。想要在家里开舞蹈教室，就必须要有专门跳舞的练习室和停车场。练习室和家人的生活区域也要完全分隔开。此外，家里还一定要有一间可以休闲、放松的客厅。

设计师将一楼三分之一左右的面积划分为舞蹈练习室，在剩余的三分之二部分安排了客厅和榻榻米的大开间，非常宽敞。而通常会设置在一楼的洗漱区则被转移到了二楼。“客厅的窗外是庭院，这样的设计会显得客厅更加宽敞、更加开阔。”

包含浴室、洗漱间在内的洗漱区安排在二楼好处多多，和田夫人对此非常满意，“浴室和卧室距离很近，衣服洗完之后可以马上拿到阳台晾晒，大大减轻了我的家务负担。丈夫也特别满意这个设计，总是感叹‘每天泡澡时都可以仰望星空，真舒服’”。

实现妻子的梦想：宽敞的客厅和舞蹈练习室

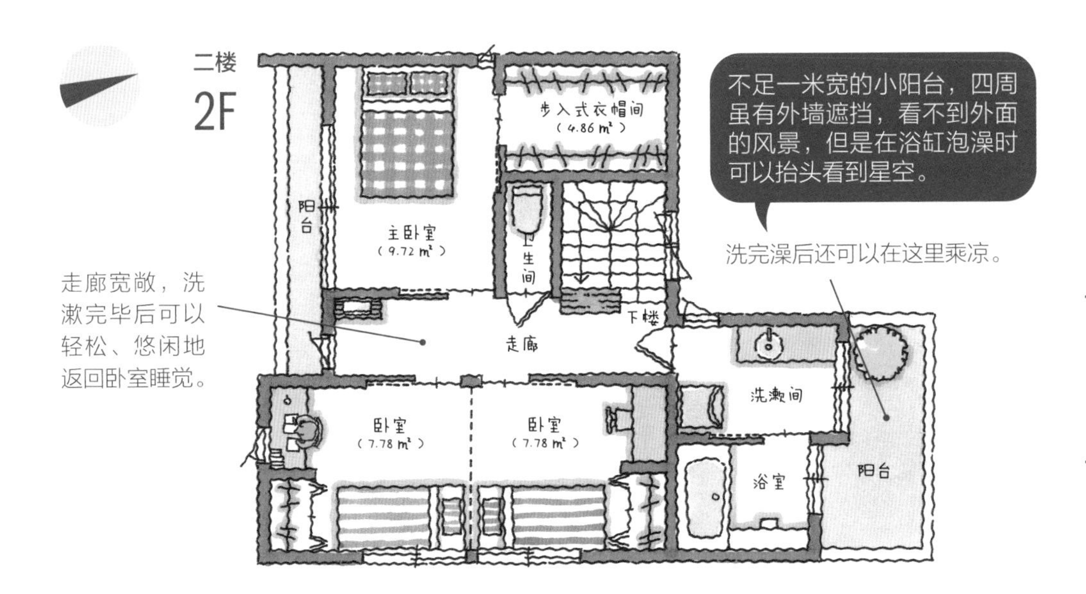

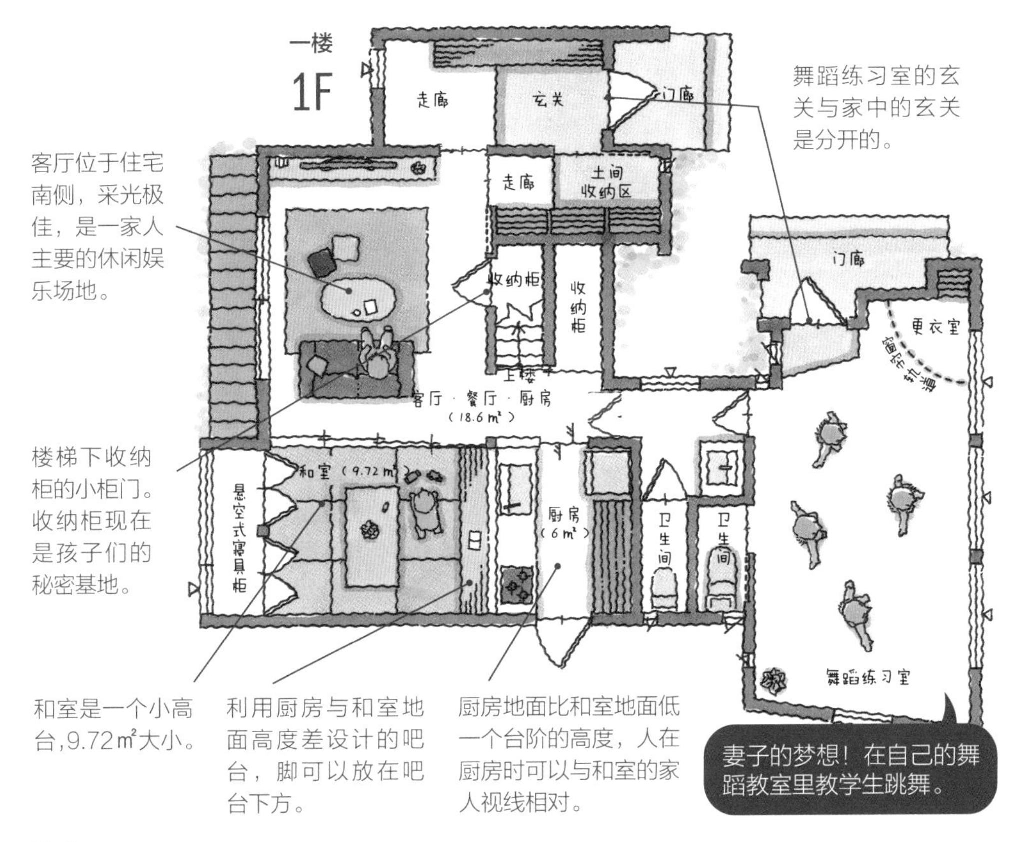

Data

夫妻二人+两个孩子（6岁·8岁）

使用面积……1F：89.4㎡ | 2F：53.0㎡

野上俊介先生一直梦想着可以生活在田园风景怡人的郊外，享受悠闲的生活。“如果我要建自己的住宅，就一定会建在乡村。我对于住宅格局设计其实并没有很细致的要求，一切都交给专业人士去判断，看一看我这块地适合怎样的设计。”野上先生是一位摩托车驾校的教练，自己也很喜欢竞技摩托，家里共有七辆摩托车，他笑着说：“我家里确实需要设计停车场和修车场。”

于是设计师在一楼的西侧设置了一间面积超过16.2㎡的车库。天花板处特意将三根房梁露在外面，梁上挂着锁链，方便吊挂摩托车配件。因为野上先生也会自己安装一些精密零件，所以在车库的隔壁又设置了一间工作室。“这是一个完美的梦想空间，我可以一直待在里面。”

一楼除车库外，还有客厅、餐厅、厨房和洗漱区。客厅内有暖脚炉❶和燃木炉，热空气通过挑高天井在一、二楼之间循环。“看着窗外恬静的风景和燃木炉中的火苗，内心就会变得特别宁静。家里非常暖和，即便外面鹅毛大雪，屋里也一点儿都感受不到。”

有了燃木炉后，全家人会一起劈柴、做比萨，生活中增添了许多乐趣。“这个家真的是太棒了，它让我感受到，在家的时间是最珍贵、最奢侈的。”

有燃木炉与七辆摩托车的家：享受悠闲的田园生活

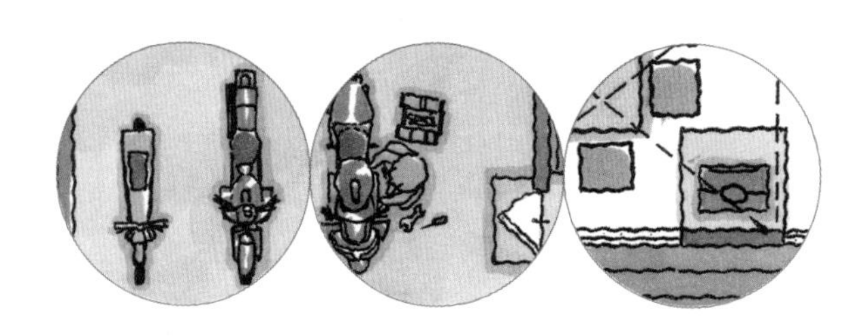

❶ 暖脚炉：在地板上挖出坑洞，坑内有暖炉，人可以围坐在坑边暖脚。

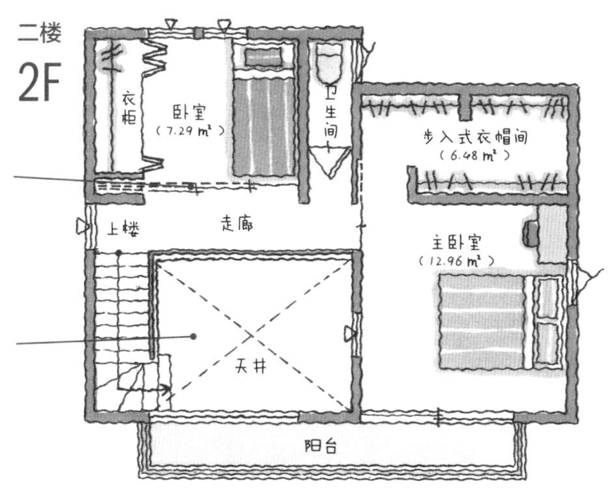

孩子的卧室是推拉门，打开门之后，卧室与走廊就变成了一个房间。

被燃木炉加热后的暖空气通过天井到达卧室内。

可以专注于工作与爱好的奢侈空间。

17㎡的车库可以停放7辆摩托车。房梁是外露式设计，上面挂着检修摩托车时会用到的锁链。

摩托车的精密零件等都保管在这里。

室外晾衣处在住宅北侧，此处的阳光不会过于强烈，可以避免衣物晒褪色。

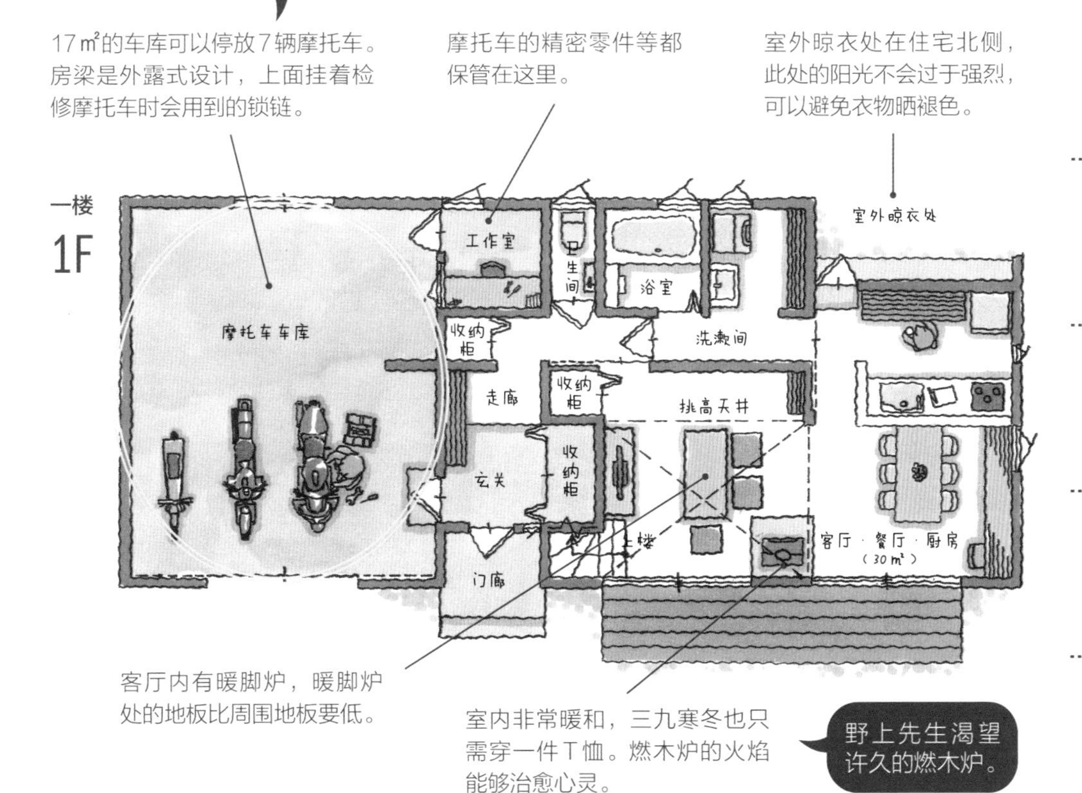

客厅内有暖脚炉，暖脚炉处的地板比周围地板要低。

室内非常暖和，三九寒冬也只需穿一件T恤。燃木炉的火焰能够治愈心灵。

野上先生渴望许久的燃木炉。

Data

夫妻二人+一个孩子（10岁）

使用面积……1F：55.5㎡ | 2F：38.9㎡

林先生有一台老式的MINI COOPER，他希望在家中可以随时看到自己的爱车，“这台车是父亲留给我的，平时的保养也很费功夫，我对它就像是对自己的孩子一样”。住宅的主角自然就是车库。进入玄关后，最先看到的就是玻璃窗后的车库。“明明刚刚才从车上下来，一进门却又看到了它，视线自然就被锁定了。上到二楼的客厅之后，又可以看到它，这也让我特别兴奋。”

一楼除车库外，还有全家人的卧室，其他的生活区域都集中在二楼。“我之前一直担心车库做得这么大，住起来会不会特别拥挤，但是整个二楼都很亮堂又舒适。当时决定优先实现自己多年的梦想，才选了这样的布局，现在看来真的是正确的选择。”

停放爱车的车库才是整栋住宅的主角

爱车也是住宅时尚外观的一部分

① 玄关门为栎木材质，外面过道铺有枕木，这些木材表面会随着时间的推移发生变化。观察这些变化也是一件乐事。

② 外墙是黑色的镀铝锌钢板，钢板依次叠压，呈阶梯状。

③ 木质卷帘门。虽然风雨会损害木料，但林先生还是选择使用木质门窗，因为“经历过风雨的木料也别有韵味”。

④ 约三十岁高龄的爱车也是这个家的一员。

⑤ 车库内墙是与车身相配的苔藓绿色。

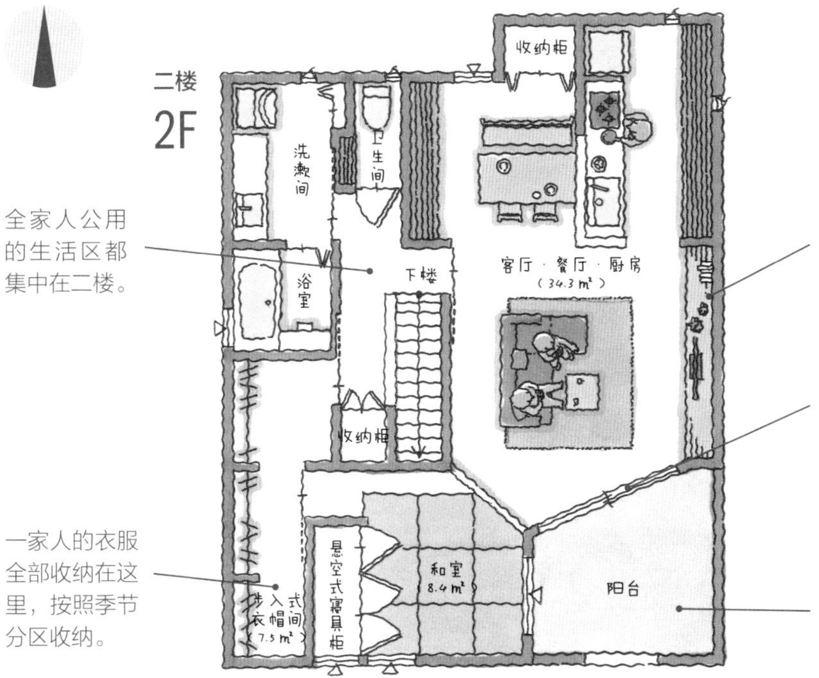

全家人公用的生活区都集中在二楼。

一家人的衣服全部收纳在这里，按照季节分区收纳。

白蜡木材质的电视柜与厨房的收纳柜连在一起，高度一致，两者都是定制家具。

木地板的边缘特意设计成斜线，可以起到延伸视线的效果。

东南角的阳台阳光充沛。

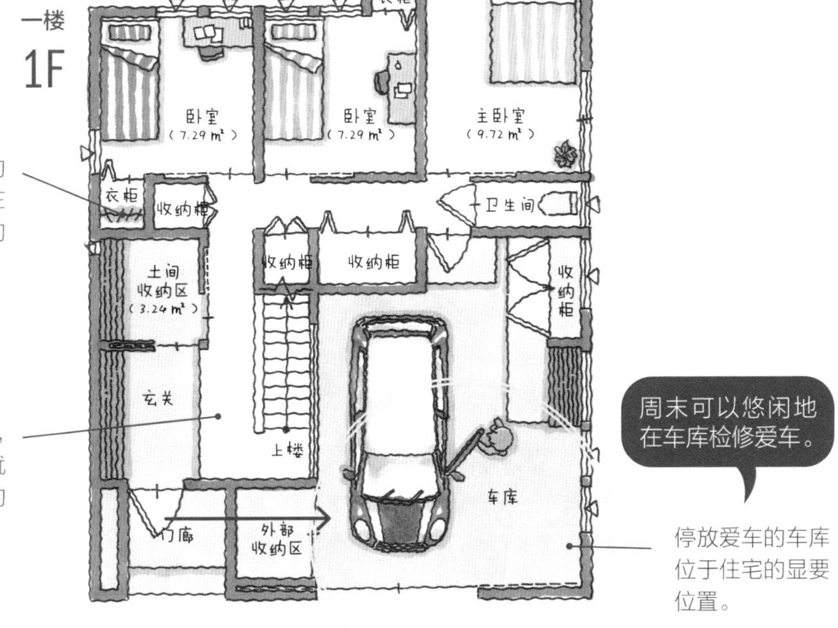

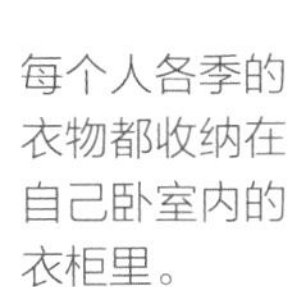

每个人各季的衣物都收纳在自己卧室内的衣柜里。

进入玄关后，首先看到的就是玻璃窗后的车库。

停放爱车的车库位于住宅的显要位置。

Data

夫妻二人＋两个孩子（6岁·8岁）
使用面积……1F：77.4㎡ | 2F：73.3㎡

孩子的卧室 场景抓拍

走廊和客厅变成了游戏场

将玄关走廊的墙面做成攀岩墙，除具有娱乐功能外，还能起到装饰性作用，使家里色彩缤纷、充满活力。客厅的天花板上安装了室内云梯。云梯可以用来晾衣服，兼具娱乐性与实用性。

玻璃窗也是两扇。

去除隔断墙，最大限度地确保游戏场地面积

家中的两个男孩子共用一间约9.72㎡大小的卧室，室内没有任何隔断墙。卧室分为上下两层，床铺设置在二层的小阁楼，整个一层都是游戏区域，最大限度地确保了孩子们的游戏场地。

对称式格局方便未来修建隔断墙

现在两姐妹共用一间卧室，考虑到两个人长大后需要在中间立一堵隔断墙，将房间一分为二，所以在最初设计时，便在房间的左右两侧对称设置了衣柜、书桌和置物架。房间的正中央有立柱，利用此立柱修建隔断墙可以将工程量降至最低。

孩子们喜爱的彩色墙面与床边梯

墙面与床边梯的颜色都是孩子们自己选择的。墙上贴着他们自己画的画和照片，整个房间充满了各种温馨的回忆。

成品家具无法比拟的超强收纳能力

房间只有约7.29㎡大小，所以必须要定制一个大容量的墙面收纳架。收纳架高至天花板，不浪费任何边角空间。

秘密基地让孩子感受到成长的快乐

孩子的卧室设置在二楼，天花板是斜面的，营造出一种住在屋顶夹层的氛围。她很喜欢这种“秘密基地”的感觉，一个人在晚上也可以安然入睡。

考虑到母亲年事已高，田代先生打算建一栋双户住宅[1]。“听说今后要和我们一起住，妈妈非常开心。但是她现在生活还可以自理，和我们的生活节奏也不一样，所以希望自己拥有一个单独的洗漱区，免得打扰到我们。”

母亲的想法确实很有道理，家里现在有三个未成年的孩子，每个人起床的时间都不一样。“虽然另外建一个洗漱区会多花一些预算，但是确保全家人都可以安心生活自然是最重要的。”于是设计师为母亲的卧室又专门配置了洗漱间、卫生间、洗衣机放置处，以及一个不到5㎡大的厨房。

搬进新家之后，田代先生便深深感受到为母亲另外建一个生活区是多么方便。“无论是早晨起床照镜子洗漱，还是到厨房去泡一杯热茶，大家都有自己的活动空间，彼此互不打扰，轻松极了。”

田代一家与母亲住在一起还能保持一个适当的距离，另一个原因就是对生活动线也进行了分离。田代一家的活动区域与母亲的活动区域被一楼正中央的走廊分隔开。大家都可以从玄关直接进入自己的活动区域内，互不打扰。

晚饭多数时候是大家一起在客厅吃，客厅属于田代先生一家的生活区域。田代先生5岁的小儿子说：“如果妈妈下班晚了，奶奶就会做饭给我们吃！”田代夫人也表示：“我给孩子们准备去幼儿园吃的便当时，妈妈还会分一些她做好的菜给孩子们带着，我们就像是关系很好的邻居一样。虽然同住一个屋檐下，但彼此都有自己的活动区域，生活又方便、又安心。”

两代人的生活动线与洗漱区彼此分离，老母亲也有了自己的空间

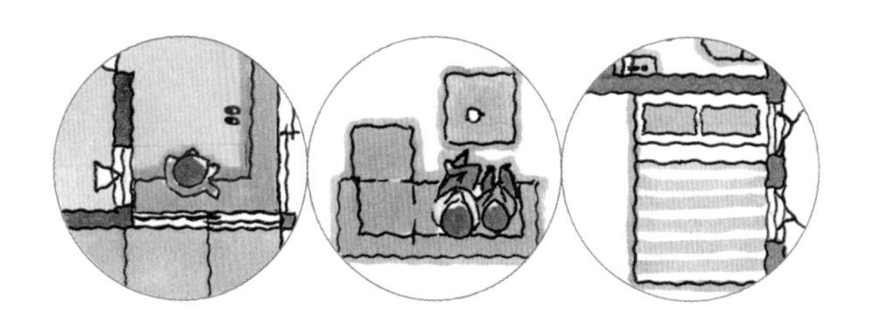

---

❶ 双户住宅：成年子女与父母共同居住的住宅。成年子女一家为“一户”，父母一家为“一户”，所以称为双户住宅。（译者注）

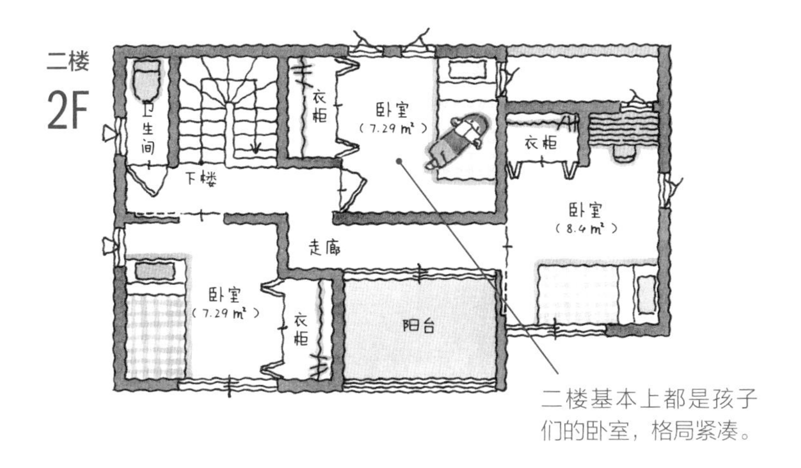

二楼基本上都是孩子们的卧室，格局紧凑。

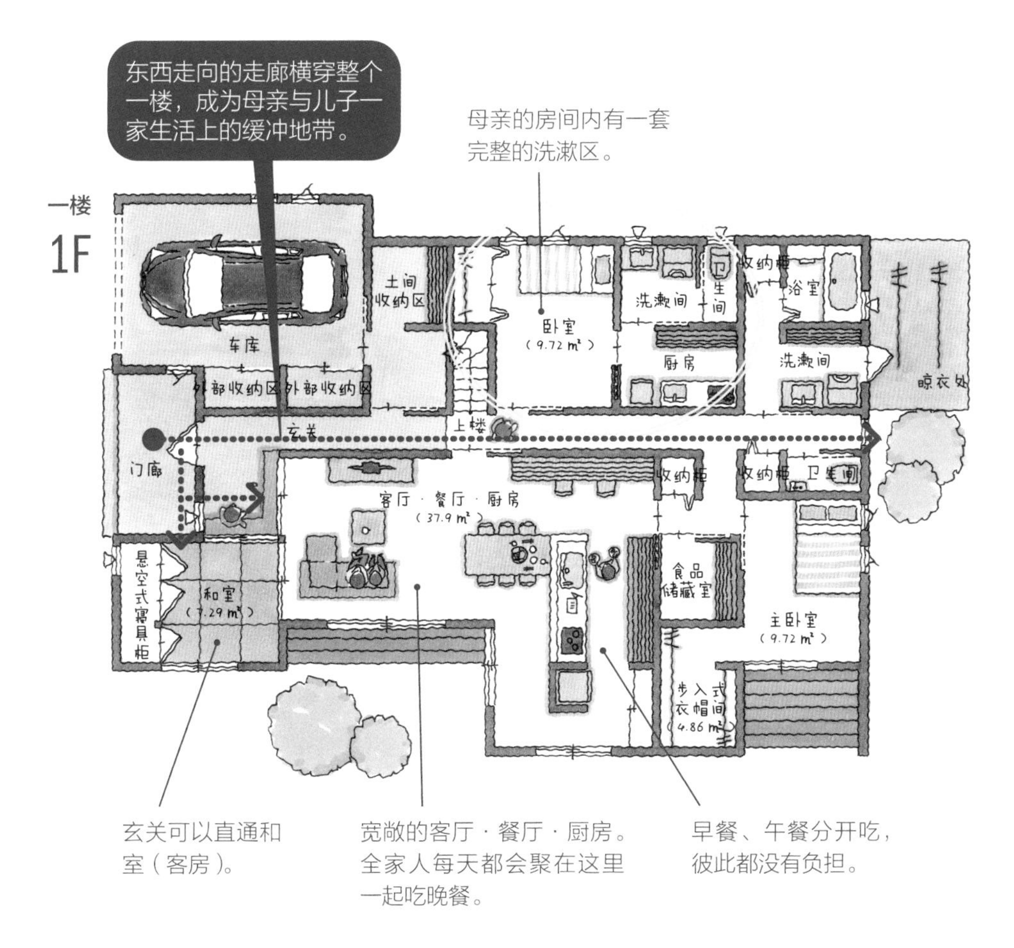

东西走向的走廊横穿整个一楼，成为母亲与儿子一家生活上的缓冲地带。

母亲的房间内有一套完整的洗漱区。

玄关可以直通和室（客房）。

宽敞的客厅·餐厅·厨房。全家人每天都会聚在这里一起吃晚餐。

早餐、午餐分开吃，彼此都没有负担。

Data

母亲+夫妻二人+三个孩子（5岁·9岁·11岁）

使用面积……1F：130.0㎡ | 2F：39.7㎡

井村先生原本与妻儿一同住在老家邻镇的一套公寓楼里。“妻子和我一样，都是全职工作。遇到她加班或是孩子生病的情况，就只能请我母亲来帮忙照顾一下。尤其是第二个孩子出生之后，请母亲来帮忙的次数越来越多，于是我们就打算建一栋双户住宅，和父母同住。”井村先生将自己的想法告诉了父母，两位老人欣然赞成。于是他决定将父母居住的老宅翻新重建为双户住宅。老宅有庭院，整体的宅基地面积约为165㎡。

井村先生和父母都希望能够保留原有的庭院。“虽说翻新重建是为了扩大居住面积，但我还是希望能够把庭院保留下来，之后孩子们还可以在院子里奔跑、玩耍。而且这里也是我长大的地方，只要庭院还在，我就还能感受到老房子当年的影子。”

设计师依据井村先生的要求，提出了“U”字形的设计方案，庭院位于中央，两侧分别是父母的居住区和井村先生与妻儿的居住区。父母住在西侧的平房内，井村先生一家住在东侧的两层小楼内，两处都有宽敞的檐廊。邻居无法看到庭院内的情况，一家人可以安心在院内休闲、放松。“孩子一个人在家玩儿的时候，总会有大人看着他，父母和我们也可以随时交流，住起来特别安心。”

两个居住区各自都有自己的玄关和大门。但平时彼此送东西时并不走玄关或是室内的走廊，而是直接从庭院穿过去，距离非常近。“端着汤走过去汤都不会凉。父母和我们维持着一个适当的距离，不会过分地干涉彼此的生活。”

两代人隔庭院而居的双户住宅

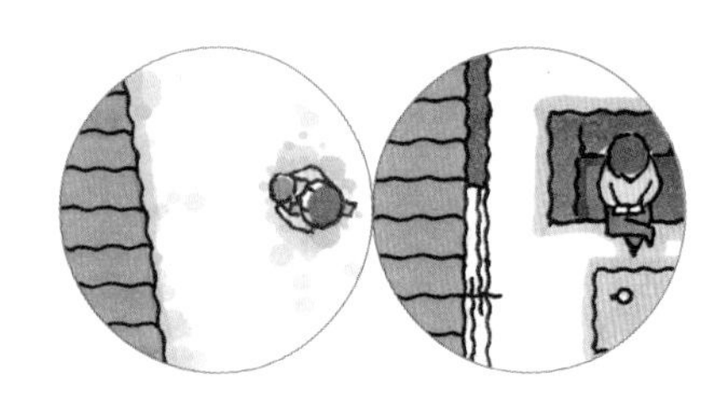

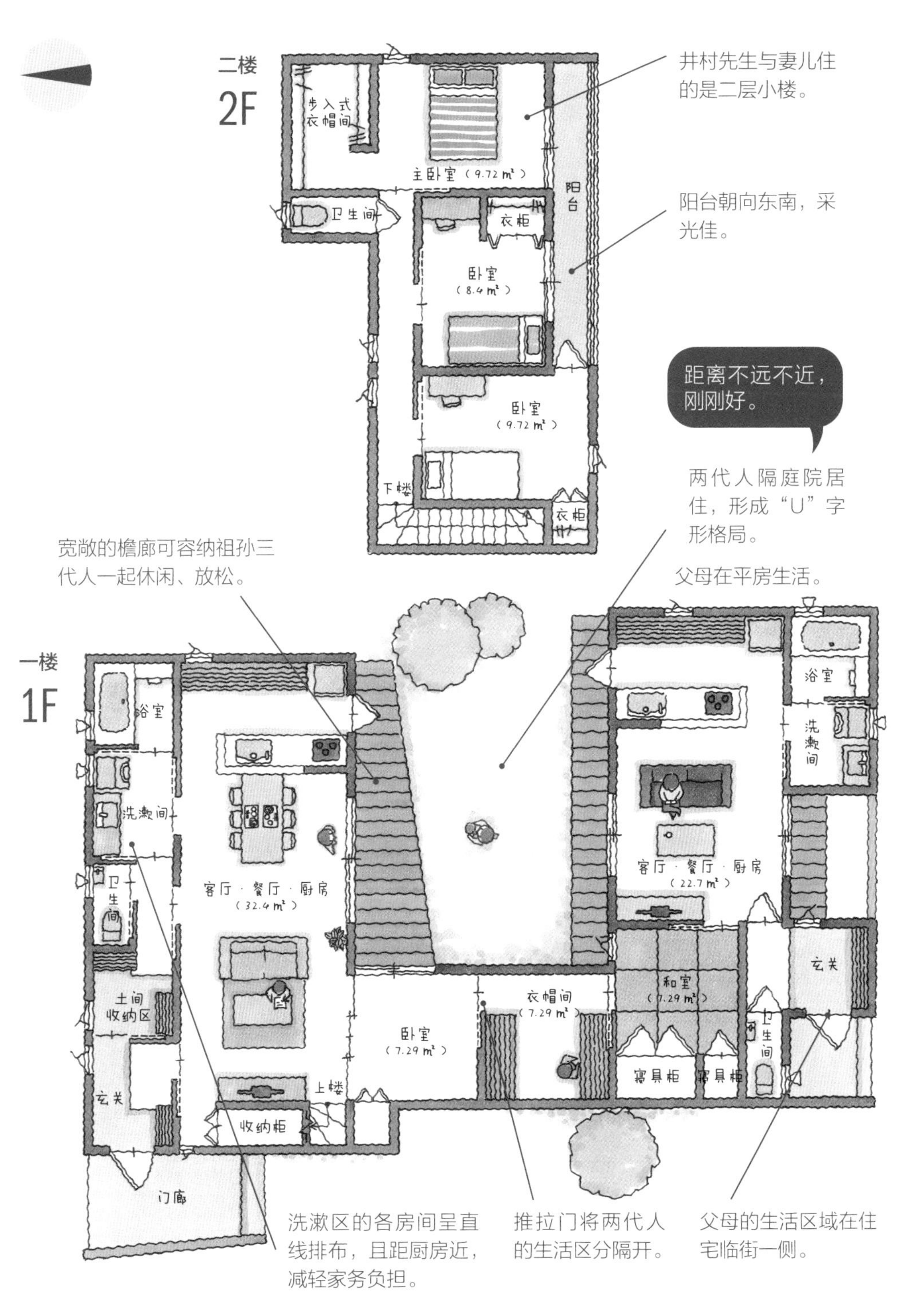

Data

父母+夫妻二人+两个孩子（2岁·5岁）
使用面积……1F：116.8㎡ | 2F：46.4㎡

井口先生对于住宅的要求有三条：距离车站近、有车库、可以和父亲共同居住。“我已经在心仪的地区找到了一块宅基地。只不过由于预算有限，这块地皮面积比较小，形状也比较怪。还要拜托设计师想想办法，确保家中房间数量能够满足三代人的生活，采光效果也要好一点。”

井口先生最终选择了三层楼的设计方案，整体外观简约、时尚。一楼是老父亲的卧室，三楼是井口先生与妻儿的卧室，二楼则是共用的客厅·餐厅·厨房及洗漱区。“这样的格局设计既方便大家的生活，又能维持适当的距离。”厨房与阳台之间没有任何遮挡，做家务时一抬头便可看到阳台外的风景，瞬间治愈心灵。“客厅·餐厅·厨房是长方形的，进深较深，并不会显得狭窄。感谢设计师在如此严苛的条件下设计出这么棒的格局，我非常满意。”

狭窄三层小楼内
拥有开放式客厅的双户住宅

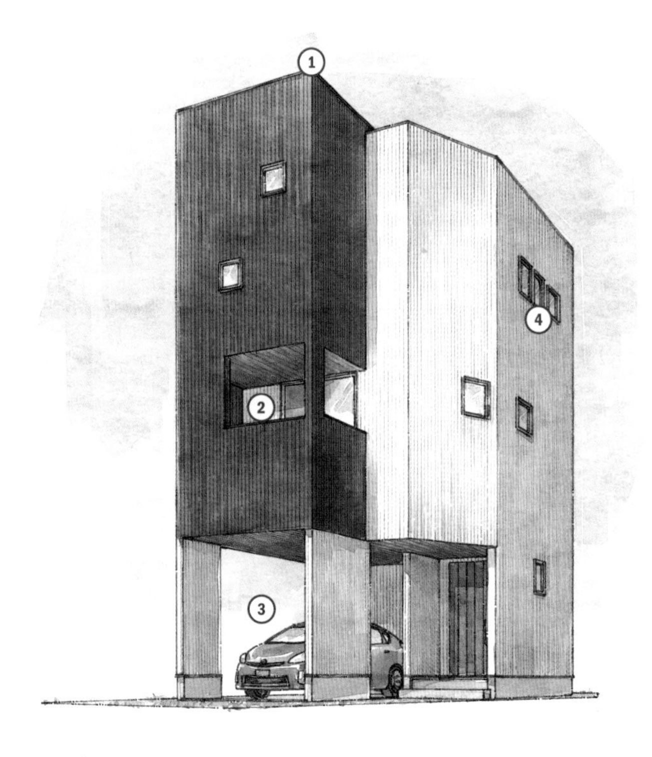

兼具美观与宜居的格局

① 宅基地面积狭小，建筑面积仅有42.9㎡。在地皮上建起三层小楼，确保三代人的居住空间。

② 整个二楼基本上都是客厅·餐厅·厨房。阳台朝东，采光良好。

③ 玄关前是车库。车库顶棚是红雪松材质的装饰板，为住宅外观增加了一处亮点。

④ 造型时尚的小方窗，也可以起到限制邻居视野范围的作用。

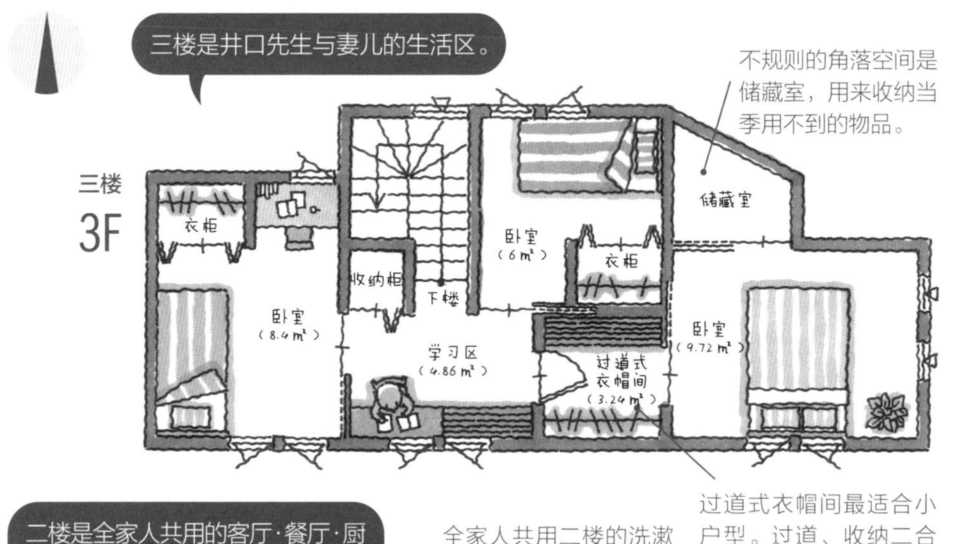

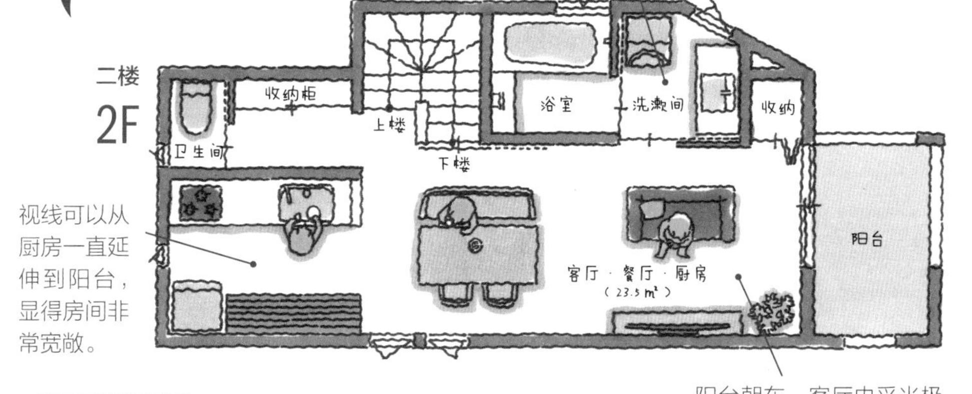

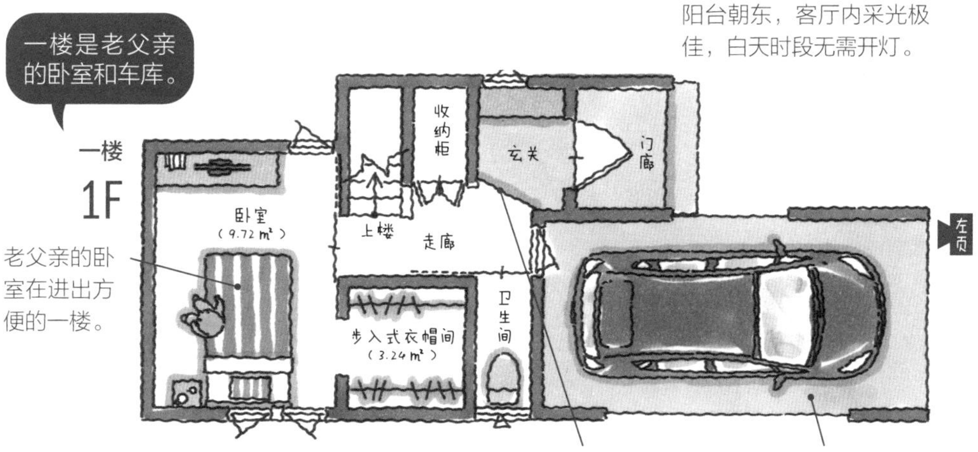

Data

父亲＋夫妻二人＋两个孩子（6岁·8岁）

使用面积……1F：23.2㎡ | 2F：38.1㎡ | 3F：43.1㎡

家务轻松 收纳方便 养育子女 时尚美观 舒适 节能

本书作者

合作住宅（COLLABOHOUSE）

一级建筑师事务所

2008年在日本爱媛县松山市创立。以爱媛县、香川县两地为依托，主营业务为住宅设计与建造，旨在让客户与设计师共同建造出极具设计感的住宅，至今建造住宅数量超过1000栋。COLLABOHOUSE NETWORK在全日本拥有100家加盟店，其中合作住宅一级建筑师事务所是特许经营总部，还承担着举办住宅设计研讨会，为其他加盟店提供业务支持等工作。住宅设计研讨会的主要目的是宣传推广“让住宅既方便居住又具有个性”的建筑理念。